hands
手作生活037

北歐風！洛塔的布雜貨
風靡歐、美、日，超人氣圖樣設計師的經典作品

作者	洛塔‧詹斯多特 Lotta Jansdotter
攝影	芽衣子‧阿基洛絲 Meiko Arquillos
翻譯	鄭亞慧
美術	鄭寧寧
編輯	彭文怡
校對	連玉瑩
行銷企畫	呂瑞芸
企畫統籌	李橘
總編輯	莫少閒
出版者	朱雀文化事業有限公司
地址	台北市基隆路二段13-1號3樓
電話	02-2345-3868
傳真	02-2345-3828
劃撥帳號	19234566 朱雀文化事業有限公司
e-mail	redbook@ms26.hinet.net
網址	http://redbook.com.tw
總經銷	成陽出版股份有限公司
ISBN	978-986-6029-40-0
初版一刷	2013.05
定價	360元
出版登記	北市業字第1403號

國家圖書館出版品預行編目

北歐風！洛塔的布雜貨；風靡歐、美、日，超人
氣圖樣設計師的經典作品 / 洛塔‧詹斯多特 Lotta
Jansdotter 著. -- 初版. -- 臺北市：朱雀文化，
2013【民 102】144 面；公分. -- (Hands；037)
譯 自：LOTTA JANSDOTTER'S SIMPLE
SEWING: PATTERNS AND HOW-TO FOR 24
FRESH AND EASY PROJECTS
ISBN 978-986-6029-40-0（平裝）
1. 縫紉 2. 設計
426.3

About 買書：
●朱雀文化圖書在北中南各書店及誠品、金石堂、何嘉仁等連鎖書店均有販
售，如欲購買本公司圖書，建議你直接詢問書店店員。如果書店已售完，請撥本
公司經銷商北中南區服務專線洽詢。北區（03）358-9000、中區（04）2291-
4115和南區（07）349-7445。
●●至朱雀文化網站購書（http://redbook.com.tw），可享85折起優惠。
●●●至郵局劃撥（戶名：朱雀文化事業有限公司，帳號19234566），掛號寄
書不加郵資，4本以下不折扣，5～9本95折，10本以上9折優惠。

北歐風！洛塔的布雜貨

風靡歐、美、日，超人氣圖樣設計師的經典作品

Lotta Jansdotter simple sewing

step by step
詳盡解説，
24種最實用、最易做的作品

洛塔・詹斯多特
Lotta Jansdotter 著

芽衣子・阿基洛絲
Meiko Arquillos 攝影

朱雀文化

最深的謝意⋯⋯

acknowledgments

這本書能夠完成，我要感謝：

費莉希蒂（Felicity），我要謝謝你一直以來的耐心和無私的奉獻。正因你的多才多藝、爐火純青的技巧和歡笑，讓我們在日常工作中充滿無限樂趣。

艾玲（Elin），謝謝你令人驚嘆的才華與獨特的見識。

芽衣子（Meiko），只能說，很榮幸能與你共事。

明子（Akiko），感謝你不停地熨平褶皺的布料，讓工作更順利。

果子（Kokka），感謝你不斷提供給我高質感的好布料。

謝謝我的丈夫——尼克（Nick），謝謝你一路的相伴，讓我得以實現夢想。

另外，對謝瑪格莉特（Margaret）、迪伊（Dee）、莎拉（Sara）、羅伯特（Robert）、艾亞米（Ayami）、羅伯（Robb）、伊莉莎白（Elisabeth）、莉莉（Lily）、蘇菲亞（Sofia）、琳娜（Linnea）、雷（Rae）、傑克（Jackie）、雪莉兒（Cheryl）、諾曼（Norman）等人，一併至上我最真摯的謝意。

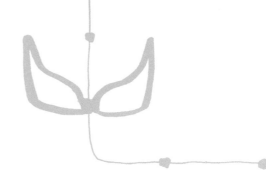

謹將這本書獻給我親愛的母親希維雅（Sylvia），
她的知識、勇氣與歡笑，給予我極大的鼓勵。
那麼接著，就讓我們進入我的縫紉與創作世界吧！

目錄 contents

引言
introduction

　　布料總是這般吸引著我，使人毫無抵抗之力，讓我的創作靈感源源不絕。不管是質地、顏色、款式，都能激發出我的創造力和情感。我經常購買各種不同的布料，有時是出於想念家鄉，有時則是因為被它們的美麗與獨特所迷惑，有時則純粹只是貪心想擁有。所以出門逛街時，我總習慣買一碼（約0.91公尺、90公分），或者一小塊布。在每一段旅行中，我會特意去逛某些布料市場，尋找一塊喜愛的窗簾布；或是偶爾經過某家二手物品店時，入店內挖寶；又或者在一家精美的室內設計店，精心挑選一塊具裝飾性的布料。

　　因為對布料情有獨鍾，我一頭栽進了布料設計與製作這一行。我在瑞典長大，在那兒，有著傳承已久的紡織傳統。奶奶曾告訴我不要扔掉任何布料，因為它們日後可能會派上用場，像是磨損了的襯衫或撕破的牛仔褲，奶奶曾將它們變身成鍋墊和床單。如果真的無法再使用了，不妨將它們當作可拋棄式地毯。在奶奶生活的那個年代，家裡所有的東西都是自己製作，而非購買成品。我的母親是位時髦的女性，她在城市裡度過了70年代。那時她蒐集了不少Marimekko（一家芬蘭品牌，從事設計、製造布料以及成品的大品牌），以及同性質公司所生產的花花綠綠印花布，又如施魔法般將它們改造成窗簾、枕頭與衣物。

我上三年級時，學校開設了一門縫紉課程，我因此學會了使用縫紉機，展開了縫紉生涯（可見紡織藝術能成為瑞典文化的一部分，絕對不是偶然，在校就開始扎根）。讓我記憶猶新的是，某次我親手完成了一個紅草莓圖案的束口袋，內心難以形容的成就感與喜悅，是我這輩子都不會忘記的悸動！而縫紉為我打開了一個新世界：讓我可以隨心所欲，製作各種想要、喜愛的作品。

從那時起，我便開始了探索縫紉的無窮奧妙。我沒有接受過專業的訓練，所以學習縫紉的過程絲毫沒有任何約束，可以不車拉鏈，也不用製作繁瑣的釦眼。我一邊追求簡單、趣味，同時也保持實用性。

這本書主要是教你如何利用布料，創造出簡單又實用的布作品。你是否也和我一樣，櫥櫃裡塞滿了各種布料，卻捨不得用，或者正在克制想再買一碼布的衝動？希望藉由這本書，能夠激起你製作的興趣，嘗試一些作品。為了讓大家容易瞭解製作過程，我盡量以詳細的步驟圖輔助說明，你只要掌握一些簡單的技巧，這些作品對你而言都不是問題。即便只是個縫紉新手也不必擔心，按圖操作，你也能在短時間之內，完成書中比較簡單的作品，像level1入門級或level2進階級的。

書中作品的樣式都是一般常見的，做法搭配步驟圖更加淺顯易懂。所以，你不必艱辛地理解做法說明，更不用辛苦地找尋特殊的布料，只要去材料行購買自己喜愛的布料即可。不過在購買材料和工具之前，建議先參照p.11的說明。此外，如果你是縫紉新手，或很久沒有接觸縫紉，那麼建議你先花點時間，仔細閱讀p.13的「認識布料與注意事項」，先了解有關布料選擇的基礎知識。如果在製作過程中有看不懂的操作技巧或術語，趕緊翻到p.136，閱讀一下詳細的解釋。

這次我在書中收錄的作品都很簡單易學，讓你可以輕鬆施展自己的巧思，選擇喜愛的布料，發揮想像力製作。另外，我也加入了一些個人的小小建議，教你如何裝飾作品，使成為獨一無二的作品（參照p.11）。還有，你也可以多多運用P.140～P.142的「貼布繡、緞面縫、平針縫圖案」在布料上做裝飾和加工，發揮創意。我認為，當你的四周到處擺放了可愛的手作包包、毛巾或收納袋，那麼即使是做清潔、除草、會計這類比較單調乏味的工作，也能感到身心愉悅。還有，何不拿這些獨創作品來裝飾房間，或送給你愛的人、朋友，讓它們取代市售商店賣的普通飾品呢？希望你會和我當年一樣——隨心所欲地創造出得意之作後，不經意流露出孩子般的喜悅之情。

　　最後，我特地在本書每一個作品中都放有下方的特殊記號，希望大家在製作前可以先看這裡，選擇適合自己的來製作，當然，更期望大家勇於嘗試和挑戰。

Lotta

特殊記號：

「level 1 入門級」：書中最簡單的作品，適合縫紉新手。

「level 2 進階級」：有點複雜的作品，適合縫紉新手。

「level 3 高手級」：做法較難，適合縫紉高手。

「level 4 大師級」：需要更多縫紉技巧，適合縫紉高手。

「大功告成！」：表示此作品步驟到此結束。

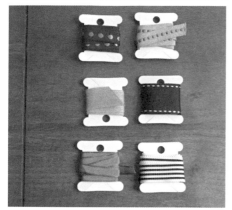

裁縫的基礎工具
basic sewing equipment

開始製作之前，你需要準備以下這些工具，
讓你創作更便利！

- 各種手縫針
- 各種縫紉機車針
- 各種機縫線
- 透明塑膠尺
- 剪刀
- 熨斗
- 大型安全別針
- 紙膠帶
- 針插
- 珠針
- 錐子（可以用毛衣針或筷子代替）
- 拆線刀（備用）
- 縫紉機
- 噴霧瓶（裝水，用於蒸氣熨燙）
- 粉片或消失筆
- 木尺
- 1枝鉛筆（不削尖），一頭帶有橡皮擦
- 碼尺或尺

以下這些建議準備，沒有也無妨，
有的話，縫紉會更方便：
- 各種繡線
- 鋸齒剪
- 輪刀和墊板
- 頂針

認識布料與注意事項
fabrics facts and care

　　以我來說，我偏好使用像棉、亞麻和羊毛這類天然纖維來縫紉，不過，利用些許人造纖維和混紡布料來縫紉會更實際，而且有意想不到的效果。總之，你可以使用任何你喜愛的，或是手邊現有的布料。

　　即便市面上已經有這麼多種類的布料可供選擇，卻仍有不少新布料持續推出，難免讓人眼花撩亂，但我要提醒大家，別漏了那些使用過的老舊布料，好比用過的窗簾、一件不合身、太小的裙子，或者塵封多年的羊毛外套。此外，說不定也能從舊衣物店、家庭賣場或跳蚤市場裡，挖到一些物美價廉的寶物。接著我要分享一些有助於選擇好布料的訣竅，讓你能創作出滿意的物品，還有如何處理、使用這些布料的方法。

【天然纖維類】

棉 棉（cotton）是一種天然植物纖維。它能織出吸水力良好的織物，質地佳，令人穿著舒適。建議在使用前先預縮（水洗預縮），也就是先清洗、脫水，讓布預先縮水後，在布料稍微潮濕的狀態下以高溫熨燙，完成這些步驟後再使用。

13

亞麻 亞麻（linen）是由亞麻纖維製成的天然布料。具有吸水力且穿著清爽。但有一點要注意的是，這種布料很容易起皺，不過，皺褶的線條也有股自然的美。亞麻的質地極佳，觸感舒適，使用多次後會變得更加柔軟。可以用溫水洗或乾洗。此外，縫紉前建議先預縮（水洗預縮）再操作。亞麻通常和其他纖維混紡，以提高抗皺性和耐磨性，使用高溫熨燙。

羊毛 羊毛（wool）一種天然纖維，就如同類的羊駝毛、駱駝毛和喀什米爾羊毛般，都是由動物毛製成。這種布料暖和、柔軟，而且抗皺。除非標籤上寫明可以水洗（這種情況很少），否則一律乾洗。可墊一層布後以中溫熨燙，毛料可藉由蒸氣熨燙和打濕墊布進行預縮（水洗預縮）。

【人造纖維和混紡布料類】

壓克力 壓克力（acrylics）可在增加布料的柔軟度和保暖性的同時，不增加重量。壓克力混紡布料可以放入機器中水洗，以低溫熨燙。

尼龍 尼龍（nylon）是一種人造纖維，能增加布料的伸縮彈性。它可以放入機器中水洗，以低溫熨燙。加入人造絲（人造纖維）的話，還能提升布料的舒適度，減少靜電發生。可以乾洗或根據說明書內容清洗，用中溫熨燙。

　　此外，大家要記得縫製一些會靠近烤箱或熱源的作品時，一定要謹慎選擇布料。某些布料具有易著火（易燃）的特性，像微波爐手套、鍋墊這些東西，就得避免選擇這類布料。羊毛是最安全的選擇，某些合成布料也可以隔熱，還有些布料可以抗高溫融化，而棉則容易燃燒。總之，當你不確定布料是否易燃時，更要謹慎選擇才行。

將異材質布料用在同一件作品中

我建議大家可以嘗試將多種不同材質的布料，運用在同一件作品中。這樣不僅可以搭配，更能夠增加視覺的享受，讓作品更豐富。不過有個前提是，除了布料的顏色得搭配之外，還有其他幾個注意事項：

- 對於每一塊布料，都應該同樣呵護、處理。
- 縫紉前，所有的布料都要先經過預縮（水洗預縮）的處理，然後再使用。
- 確認所有的花邊、絲帶、線都不會褪色，使用前先清洗一遍。
- 確認布料都不會褪色，以免完成的作品褪色，這是大家都不願見到的。

加一點裝飾更有特色

在手作作品上加些小花邊、飾品或可愛的小裝飾點綴，是件有趣的事。像鈕釦、緞帶、蕾絲或不織布等等，都能讓作品更搶眼，深具個人魅力。你可以翻到紙型附帶的刺繡圖案，再參考p.136～139的「瞭解縫紉術語和技巧」單元，說不定可以激發出靈感。話不多說，就盡情發揮你的創意吧，一定能創造獨一無二的圖案，讓它彰顯你的個人品味與獨特風格。

chapter 1

廚房的小雜貨
cook

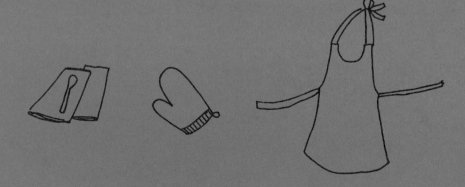

小叮嚀
★如果沒有特別註明，書中的單位都是吋（2.54公分）。
★本書中的1碼，約等於90公分。

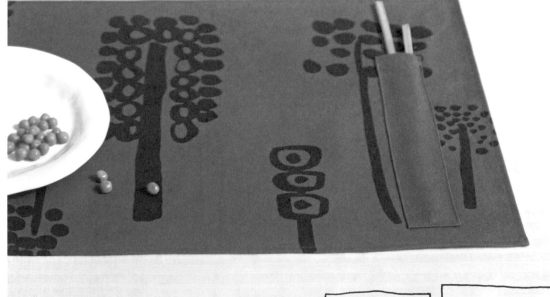

一體成形的筷套&餐盤墊

placemat with chopstick pocket

成品尺寸：2個盤墊，每個18吋寬×14吋長
LEVEL 1　入門級

這些餐盤墊，能讓你的家庭聚餐更加獨特且有品味。如果在餐盤墊上再加上一個小口袋，用來置放餐具，也是個不錯的點子，能令人印象深刻。發揮你的想像力，試著選兩種不同顏色或材質的布料做做看。那麼，馬上就來製作你的第一件作品吧！

布料
中厚棉料或亞麻料（餐盤墊）：½碼長（44吋寬）
其他材質布料（小口袋）：¼碼長

工具
尺、消失筆、剪刀、珠針

小叮嚀
1. 製作前，布料應先清洗、晾乾並燙熨布料，使其預縮（水洗預縮）。
2. 如果沒有特別說明，縫份都是½吋，而所有的紙型都包含了½吋縫份。

翻到下一頁 ▶

步驟1. 按照尺寸，裁剪好所需的布片。

A. 翻到布料**反面**，依照下面的尺寸，用尺和消失筆測量並做好標記，然後沿標記線裁剪好所需的布片。

- 裁剪2片盤墊：19吋寬×15吋長
- 裁剪2片筷套：2吋寬×9¾吋長

步驟2. 製作盤墊

A. 盤墊布片翻至**反面**，將15吋長的一邊往內摺¼吋，然後熨平，再往內摺¼吋後熨平。在另一個15吋的邊、兩個19吋的邊重複這個步驟。

B. 如圖所示，留約3/16吋的縫份，將四邊都車縫好，並在每個車縫末端（車線停止點）以回針車縫，記得縫線必須穿過摺疊的每層布縫好，然後再次熨平。參照圖**2A+B**

步驟3. 製作筷套

A. 筷套布片翻至**反面**，將2吋長的一邊往內摺¼吋，然後熨平，再往內摺½吋後熨平，布料邊緣留3/8吋的縫份開始車縫，記得縫線要穿過摺疊的每層布。參照圖**3A**

B. 再將布片翻至**反面**，將其他三邊都往內摺¼吋，然後熨平，再往內摺¼吋後熨平。

步驟4. 完成作品囉

A. 將筷套放在盤墊**正面**的右側（14吋的那邊），筷套右邊距盤墊右短邊2吋距離，底側則距下長邊¾吋。將筷套的開口朝上，留⅛吋的縫份，沿著長邊從上往下縫，縫好底部後，再往上縫另一邊，在車縫末端（車線停止點）再以回針車縫，最後熨平即可。參照圖**4A+B**

步驟5. 按照步驟2.和步驟4.的說明，再製作另一張餐盤墊。

大功告成！

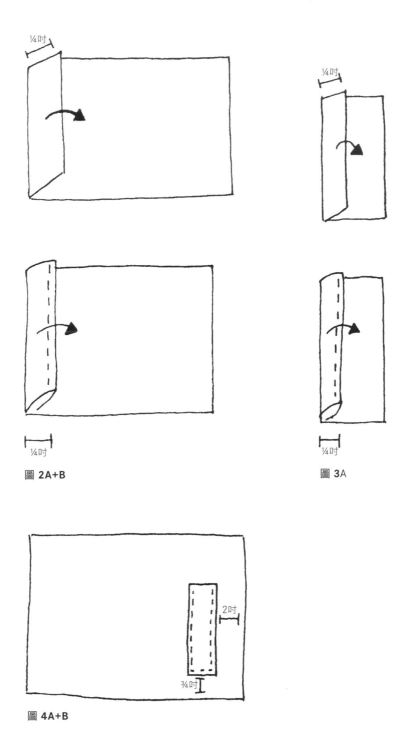

¼吋

¼吋

¼吋

圖 2A+B

¼吋

圖 3A

2吋

¾吋

圖 4A+B

優雅實用的餐巾
napkins

成品尺寸：2條餐巾，每條20吋寬×20吋長

LEVEL 1　入門級

各式各樣棉或麻製的餐巾，不僅實用性高，更能讓家中的擺設更美觀。成套的餐巾高雅又實用，不過，和花色、樣式多變的單條餐巾混搭在一塊使用，也有無窮的樂趣，同時，也是最棒的禮品之一。餐巾的製作很有趣且簡單，可以讓你對縫紉機的操作更熟悉。現在，讓我們一起動手吧！

布料 （1套餐巾）
厚棉布料或麻布（餐巾）：¾碼長（44吋寬）

工具
尺、消失筆、剪刀、珠針

小叮嚀
1. 製作前，布料應先清洗、晾乾並燙熨布料，使其預縮（水洗預縮）。
2. 如果沒有特別說明，縫份都是½吋，而所有的紙型都包含了½吋縫份。

杯墊
coasters

你可以按照以下說明製作杯墊。做法同樣很簡單！一起來乾杯！

裁剪2片布：5 ½吋寬×5 ½吋長

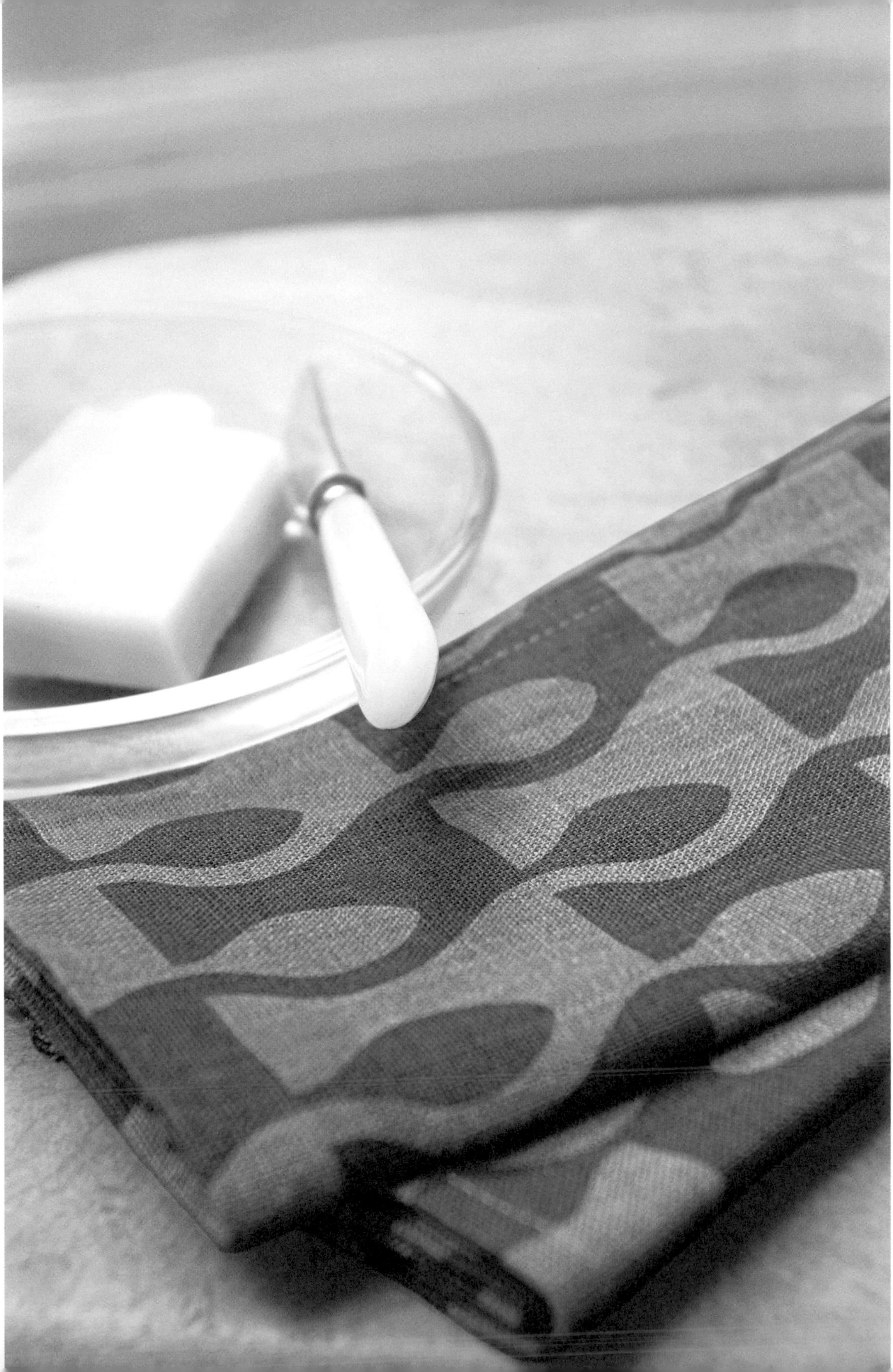

步驟1. 按照尺寸，裁剪好所需的布片。

A. 翻到布料**反面**，依照下面的尺寸，用尺和消失筆測量並做好標記，然後沿標記線裁剪好所需的布片。

- 裁剪2片餐巾：21吋寬×21吋長

步驟2. 製作餐巾

A. 將布翻至**反面**，四邊都往內摺¼吋，然後熨平，再往內摺¼吋後熨平。留3/16吋的縫份後車縫，並在每個車縫末端（車線停止點）以回針車縫。記得縫線必須穿過摺疊的每層布縫好，然後再次熨平。參照**圖2**

大功告成！

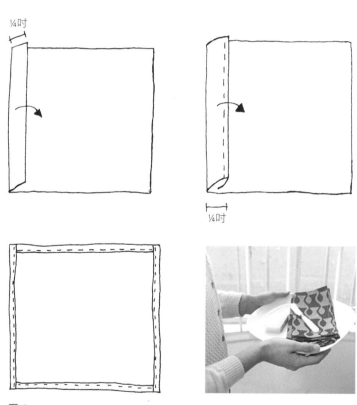

圖 2

碎布變身的鍋墊
pot holder

成品尺寸：7吋寬×7吋長
LEVEL 3　高手級

製作鍋墊的過程，可以讓你享受到將家中剩餘的布片，組合變身成精美又實用的作品的樂趣。這種鍋墊既實用又小巧，很適合當作禮物送朋友。除了在這個方形的鍋墊上拼了3個圖樣的設計，我也提供了隔熱手套的紙型，成品的照片在p.27裡，大家可以多多嘗試。縫製這個鍋墊最大的難度，在於處理鋪棉的小訣竅。只要使用多一點珠針固定，多點耐心，相信你一定可以完成高手級作品的挑戰。

布料

拼布面　布片：3½吋寬×3½吋長（1片）
　　　　布片：3½吋寬×6½吋長（1片）
　　　　布片：6½吋寬×8½吋長（1片）

背面　　布片：8½吋寬×8½吋長（1片）
　　　　低蓬鬆度（low-loft batting）羊毛鋪棉：約¼碼，或者
　　　　正方的羊毛布：8吋（2～3片）
　　　　斜紋帶或絲帶：¼碼長（½吋寬）

工具

剪刀、珠針、尺、消失筆、錐子

小叮嚀

1. 製作前，布料應先清洗、晾乾並燙熨布料，使其預縮（水洗預縮）。
2. 如果沒有特別説明，縫份都是½吋，而所有的紙型都包含了½吋縫份。
3. 為了顧及耐火性，建議大家使用羊毛布料或羊毛鋪棉（wool batting）這類天然纖維。羊毛的燃點較低，且有自熄的特點，非常適合。如果沒有羊毛的話，也可以用無酸性填充棉（polyester batting）替代，但千萬別使用棉。

翻到下一頁 ▶

步驟1. 按照尺寸，裁剪好所需的布片。

A. 參照紙型，分別裁好以下幾塊布片的紙型：鍋墊面A、鍋墊面B、鍋墊面C和鍋
墊背面。

B. 用珠針將紙型固定在布上，沿紙型的實線裁剪布料，分別裁成各1片的鍋墊面
A、鍋墊面B、鍋墊面C和鍋墊背面。接著將鋪棉裁剪好1片背面（如果使用羊
毛布料，可剪下2～3片8吋正方的布片，留¼吋的縫份將布邊疏縫好，避免縫
製時布料會滑動），然後剪1條5吋長的斜紋帶。

步驟2. 製作鍋墊的拼布面

A. 將所有布片翻到**正面**，將鍋墊面B和鍋墊面C拼接在一起。將較短的布邊對齊，
往內摺½吋後車縫好，在車縫末端（車線停止點）以回針車縫，熨平縫份。

B. 將所有布片翻到**正面**，將鍋墊面A和剛才完成的鍋墊面B／C接在一塊。將較長
的布邊對齊，往內摺½吋後車縫好，熨平縫口外的布。這樣拼縫面（正面）就
完成了。

步驟3. 組合鍋墊

A. 將正面、背面和鋪棉依序疊放：拼縫面的**正面**朝上，鍋墊背面的**正面**朝下（疊放在拼縫面上），最後擺上鋪棉，對齊所有的布邊。將斜紋帶或絲帶從中對摺，如圖所示夾在布片一角中間，對摺處朝內，兩端朝外。參照圖**3A**

B. 將疊好的布片用珠針固定好。沿著鍋墊四周開始縫製，留½吋的縫份車縫，其中一邊留3吋的返口，縫製時在每個車縫末端（車線停止點）以回針車縫。將剪刀與布片的直角交叉呈45度後，剪掉多餘的布。這裡要小心別剪到縫線。參照圖**3B**

C. 從返口將鍋墊**正面**翻出，背面則與鋪棉連在一起，看成一體。再用錐子將各角推出來，整理形狀即可（參照p.138錐子的說明）。

步驟4. 完成作品囉

A. 將鍋墊邊緣熨平，開口處的布邊塞入返口內，以珠針固定，然後沿著鍋墊四邊，留¼吋的縫份車縫一道裝飾線，記得裝飾線一定要穿過每一層布料（參照p.139裝飾線的說明）。

大功告成！

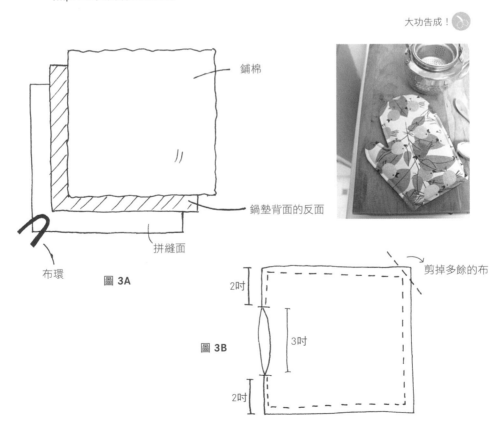

鋪棉

鍋墊背面的反面

拼縫面

布環　　圖 3A

剪掉多餘的布

2吋

3吋

2吋

圖 3B

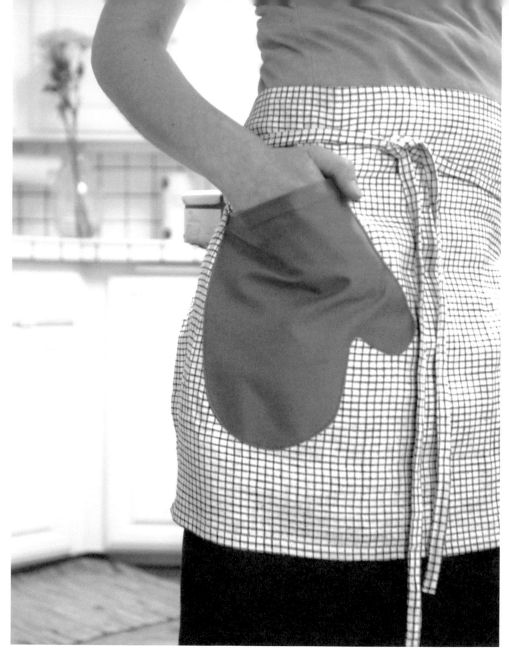

溫暖實用的下午茶圍裙

cafe apron with pocket

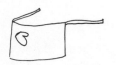

成品尺寸：17吋寬×37吋長

LEVEL 2　進階級

這款圍裙穿脫方便，質感舒適又實用，非常適合每一個人。圍裙上設計了一個微波爐手套形狀的口袋，讓整條圍裙更顯趣味。除了手套，當然你也可以縫上其他自己喜愛的圖案。想想若能專為某個特別的朋友，或者在特別的季節裡，親手縫製一條圍裙，是多麼幸福且有趣的事呀！也許你正受到某塊布料的吸引，亦或打算辦個特別的活動，不管有沒有加上口袋的設計，這都是件簡單易學的作品，縫紉初學者或高手，大家一起來挑戰吧！

布料
中厚棉布或亞麻布（圍裙）：1碼長（44吋寬）
顏色搭配的中厚棉布或亞麻布（口袋）：1碼長（44吋寬）

工具
剪刀、珠針、尺、消失筆、錐子

小叮嚀
1. 製作前，布料應先清洗、晾乾並燙熨布料，使其預縮（水洗預縮）。
2. 如果沒有特別説明，縫份都是½吋，而所有的紙型都包含了½吋縫份。

翻到下一頁 ▶

步驟1. 按照尺寸，裁剪好所需的布片。

A. 參照紙型，裁好口袋圍裙的布片。

B. 用珠針將紙型固定在布上，沿紙型的實線裁剪布料。

C. 翻到布料**反面**，依照下面的尺寸，用尺和消失筆測量並做好標記，然後沿標記線裁剪好所需的布片。

- 裁剪1片圍裙：38吋寬×19吋長
- 裁剪2條圍裙綁帶：2吋寬×36吋長

步驟2. 縫製圍裙

A. 將較短的兩邊①和②往內摺½吋，然後熨平，再往內摺½吋後熨平。再將較長的邊③也重複這個步驟。留⅜吋的縫份車縫好另外三個邊，記得縫線要確實穿過每一層布料，並在車縫開頭和末端（車線開始點和停止點）以回針車縫。另一較長的邊④先往內摺½吋，然後熨平，再往內摺½吋後熨平。

B. 製作綁帶。將綁帶的一端往內摺½吋，斜著剪下兩個直角。將綁帶從中對摺（摺後不重合），熨平。將狹長的綁帶再縱向對摺，熨平。對摺後，綁帶只有原來一半寬，4層布厚。沿著長邊開口的方向縫，一直縫到摺過的短邊。重複以上的步驟，製作另一條圍裙帶。

C. 接著，將綁帶和圍裙縫在一塊。先將綁帶未摺的一端插入圍裙較長邊的摺邊內，用珠針固定。從圍裙沒有縫合的上端開始，由下往上縫製，將綁帶和圍裙縫在一塊。留⅜吋的縫份縫好開口。為了避免綁帶鬆脫，邊緣和頂部要再縫一次。參照圖2C

步驟3. 製作口袋後就完成作品囉

A. 將口袋布片翻至**反面**，頂部往內摺¼吋，然後熨平，再摺½吋後熨平，留⅜吋的縫份車縫好。

B. 維持口袋布片在**反面**，其餘三個邊也都往內摺¼吋，準備剪牙口——稍微修剪掉縫份，使保持平整。要小心在裁剪過程中，不可修剪超過⅛吋，否則會剪到縫線，剪好牙口後再熨平。參照圖3B

C. 穿上圍裙，決定口袋開口的位置，以珠針稍微固定，然後車縫在圍裙上，每個車線末端（車線停止點）以回針車縫即可。參照圖3C

大功告成！

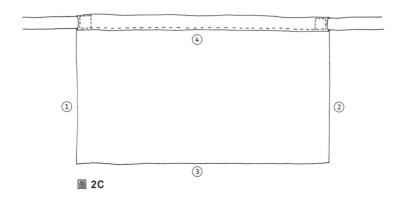

④

① ②

③

圖 2C

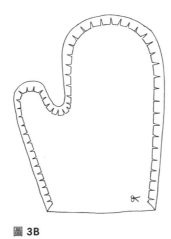

圖 3B

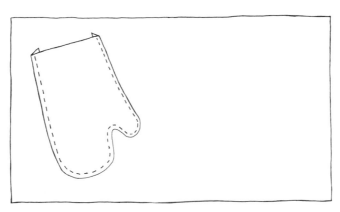

圖 3C

可愛趣味的微波爐手套
oven mitt

成品尺寸：7吋寬×11.5吋長

LEVEL 3 高手級

製作廚房中常用的微波爐手套時，如果能在手套上加入獨特別緻的圖案，或者裝飾線條，那縫製的過程可說是處處皆樂趣，同時也很有挑戰性。至於布料，只要自己喜歡，都可以嘗試。比起鍋墊，微波爐手套不僅要車縫布邊，更須將鋪棉縫製成某個形狀。所以，藉由縫製這個手套，有助於提升你的拼布技巧。覺得有點難嗎？先別著急，慢慢來，一邊盡情享受手作的樂趣吧！

布料
中厚棉布（手套前後面）：⅜碼長（44吋寬）
顏色搭配的中厚棉布（手套襯裡）：⅜碼長（44吋寬）
布塊（手套邊緣）：最少3吋×13吋
高蓬鬆度（high-loft batting）羊毛鋪棉：½碼長，或者
羊毛布：10吋×14吋（3片）

工具
剪刀、尺、消失筆、珠針、手縫針和線

小叮嚀
1. 製作前，布料應先清洗、晾乾並燙熨布料，使其預縮（水洗預縮）。
2. 如果沒有特別說明，縫份都是½吋，而所有的紙型都包含了½吋縫份。
3. 為了顧及耐火性，建議大家使用羊毛布料或羊毛鋪棉（wool batting）這類天然纖維。羊毛的燃點較低，且有自熄的特點，非常適合。如果沒有羊毛的話，也可以用無酸性填充棉（polyester batting）替代，但千萬別使用棉。

步驟1. 按照尺寸，裁剪好所需的布片。

A. 參照紙型，裁好微波爐手套的紙型，放在一旁。

B. 翻到布料的**反面**，依照下面的尺寸，用尺和消失筆測量並做好標記，然後沿標記線裁剪好所需的布片。

- 裁剪2片前後面：11吋寬×14吋長
- 裁剪2片手套襯裡：11吋寬×14吋長
- 裁剪2片鋪棉：11吋寬×14吋長

（如果使用羊毛布料，可剪下4～6片11吋寬×14吋長的布片，將2～3片重疊縫好，合成雙份，當作內層，在布料邊緣¼吋處將布邊疏縫好，避免縫製時布料會滑動。）

步驟2. 縫飾手套的正面和背面

A. 依照下面的順序，做一個「鋪棉夾層」：

B. 取一張襯裡**反面**朝上，鋪上一張鋪棉，上面再鋪一張手套外層的布片，**正面**朝上放，對齊布邊。重複以上的步驟，製作另一個「鋪棉夾層」。

C. 縫製「鋪棉夾層」。從內向外，將鋪棉夾層縫在一起。記得針腳間距要大一些。可以發揮你的想像力，縫出喜歡的線型，如螺旋、同心圓或隨意的線條圖案。縫製過程中，要確認鋪棉不會從夾層中滑落。重複以上步驟，縫製第二個「鋪棉夾層」。參照圖**2A＋B**

步驟3. 製作微波爐手套

A. 將手套紙型固定在縫製好的「鋪棉夾層」上。沿實線在鋪棉夾層上標出輪廓，然後剪下。重複以上步驟剪裁好另一部分。製作時，注意兩個「鋪棉夾層」的大小要一模一樣。現在，手套的正面、反面都完成囉。參照圖**3A**

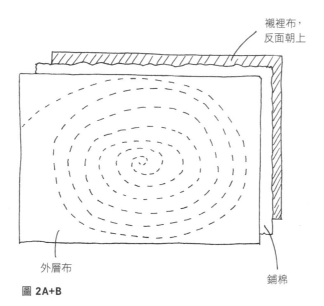

襯裡布，
反面朝上

外層布

鋪棉

圖 2A+B

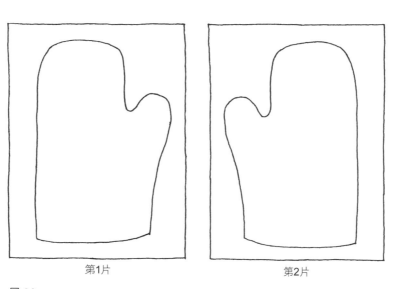

第1片　　　　　　　第2片

圖 3A

翻到下一頁 ▶

B. 將兩個鋪棉夾層**正面**朝內，對齊布邊後車縫好。順著長的那一邊，留½吋的
縫份後車縫，並在每個車縫末端（車線停止點）以回針車縫，注意手伸入的
那一邊不要縫。然後準備剪牙口——用剪刀沿著手套弧線邊緣稍微修剪掉縫
份，要小心在裁剪過程中不可剪太深，否則會剪到縫線，剪好牙口後再熨
平，這樣可使手套翻面後更平整。手套翻面後放於一旁。

步驟4. 完成作品囉

A. 取一片手套邊緣布，翻到布料**反面**，用尺和消失筆測量一個2吋寬×12吋長的
布片，並做好標記，然後沿標記線裁剪好布片。

B. 將布片的兩個長邊往內摺，然後熨平，再縱向對摺後熨平。參照圖**4B**

C. 將手套邊緣布包住手套開口處的布邊，以珠針先固定。將布片外側往內摺½
吋，使布邊塞到裡面。留⅜吋縫份，以手縫針、線縫好一道裝飾線，要注意
裝飾線一定要穿過每一層布料（參照p.139裝飾線的說明）

大功告成！

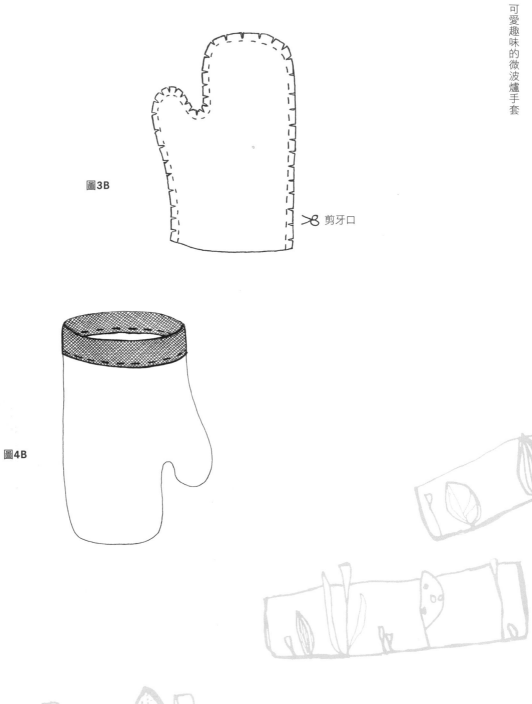

圖3B

✂ 剪牙口

圖4B

簡單易學的廚房毛巾
kitchen towels

成品尺寸：2條毛巾，每條17吋寬×23吋長
LEVEL 1　入門級

布質的毛巾比紙巾優雅漂亮許多，而且如果選對布料，它能讓整個家的氛圍煥然一新。廚房毛巾的做法可以説很簡單，所以，你也可以藉由刺繡或搭配其他飾品，展現個人的獨特品味，增添美感。就用這些可愛的毛巾擦拭廚房吧！易上手的簡單做法，即使是縫紉新手，1小時之內也能完成喔！

布料
輕薄棉布或亞麻布（毛巾）：¾碼長（44吋寬）
斜紋帶或棉質緞帶（毛巾掛圈）：¼碼長（½吋寬）

工具
尺、消失筆、剪刀、珠針

小叮嚀
1. 製作前，布料應先清洗、晾乾並燙熨布料，使其預縮（水洗預縮）。
2. 如果沒有特別説明，縫份都是½吋，而所有的紙型都包含了½吋縫份。

翻到下一頁 ▶

步驟1. 按照尺寸，裁剪好所需的布片。

A. 翻到布料**反面**，依照下面的尺寸，用尺和消失筆測量並做好標記，然後沿標記線裁剪好所需的布片。

- 裁剪2片毛巾布片：18吋寬×24吋長
- 裁剪2條掛圈斜紋帶：4½吋長

步驟2. 製作毛巾

A. 將布料翻到**反面**，每一邊都往內摺¼吋，然後熨平，再往內摺¼吋後熨平。

B. 將斜紋帶摺成一個圈，並把兩端塞進毛巾的短邊中蓋好，用珠針固定。

C. 留³⁄₁₆吋的縫份後車縫，並在每個車縫末端（車線停止點）以回針車縫。縫紉過程中，記得縫線必須穿過摺疊的每層布縫好，然後再次熨平。參照圖**2C**

D. 將布料翻回**正面**，在距離摺後裡邊¹⁄₁₆～¹⁄₈吋處，縫上掛圈，縫線必須穿過摺疊的每層布縫好，這樣可以防止外邊蜷曲。參照圖**2D**

步驟3. 重複步驟1.和2.，製作第二條毛巾。

大功告成！

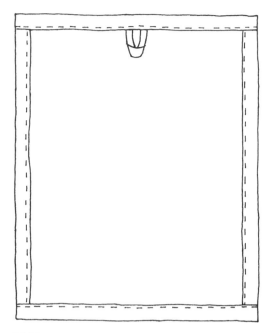

圖 2C

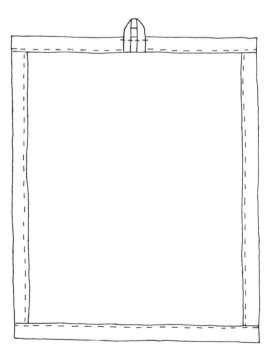

圖 2D

清新優雅的雙面圍裙

reversible apron

成品尺寸：單一尺寸

LEVEL 4 大師級

將這條圍裙掛在廚房裡，頓時讓廚房增色不少。找一個悠閒的星期六，穿上你最愛的牛仔褲，再搭配一條用喜歡的布料做成的圍裙，光用想的，腦中便出現一連串美麗的畫面。雙面圍裙最大的優點在於，若其中一面髒了，不巧這時門鈴響了，也絲毫不用擔心被客人看到，只要換上乾淨那面就解決了。不過，這條雙面圍裙在製作上需要更多的縫紉技巧，可能得花上一天製作。如果還想在上面加一些裝飾，那就需要更多時間來製作囉！

布料
薄印花棉布：1碼長（44吋寬）
與薄印花棉布搭配的薄單色棉布：1碼長（44吋寬）

工具
剪刀、珠針、消失筆、尺、未削尖的鉛筆（一頭帶橡皮擦）、錐子、手縫針和線

小叮嚀
1. 製作前，布料應先清洗、晾乾並燙熨布料，使其預縮（水洗預縮）。
2. 如果沒有特別說明，縫份都是½吋，而所有的紙型都包含了½吋縫份。

步驟1. 按照尺寸，裁剪好所需的布片。

A. 參照紙型，分別裁好以下幾片布片的紙型：雙面圍裙中心面部分和側面部分。

B. 將布料翻到**正面**，印花布對摺，把紙型放在布上，用珠針固定，並且確認紙型上的布紋記號和布料的紋路（布紋）要一致。以剪刀沿實線裁剪紙型，那現在你就有一張中心面紙型和兩張側面紙型。用消失筆將紙型上的對齊記號點（打褶和放側面細繩的位置），在布料相同的位置上，標記¼吋長的小牙口。如果你不是用消失筆，那得確認標記的牙口在½吋的縫份範圍內。重複以上步驟，製作單色布片（參照p.137布紋的說明）。

C. 從兩片布上分別裁剪好圍裙帶。翻到布料**反面**，依照下面的尺寸，用尺和消失筆測量並做好標記，然後沿標記線裁剪好所需的圍裙帶布片。

• 裁剪4條帶子（印花和單色棉布）：1½吋寬×25吋長

步驟2. 縫紉圍裙

A. 製作圍裙帶。將圍裙帶布片翻到**正面**，將一片印花布片和另一片單色布片重疊，對齊後剪掉邊。沿一條長邊往下，留¼吋的縫份後車縫，依序車縫較短那邊、另一條長邊（一共要車縫三邊），剩下的一條短邊則不縫，留好返口。以45度斜接角在另一短邊的兩個直角剪掉多餘的布。從返口將圍裙帶翻到正面，熨平。這裡翻圍裙帶的步驟需要點技巧，最簡單的方法是，用鉛筆的橡皮擦頭從短邊的返口往裡推，隨著鉛筆越往圍裙帶未縫合的一端推時，越來越多布會纏在鉛筆上，當推到開口處時，就可以看到鉛筆的橡皮擦頭，這時只要把推出來的一端縫合即可，然後再熨平。重複這個步驟，製作剩下的圍裙帶。最後會完成四條圍裙帶，先放於一旁。

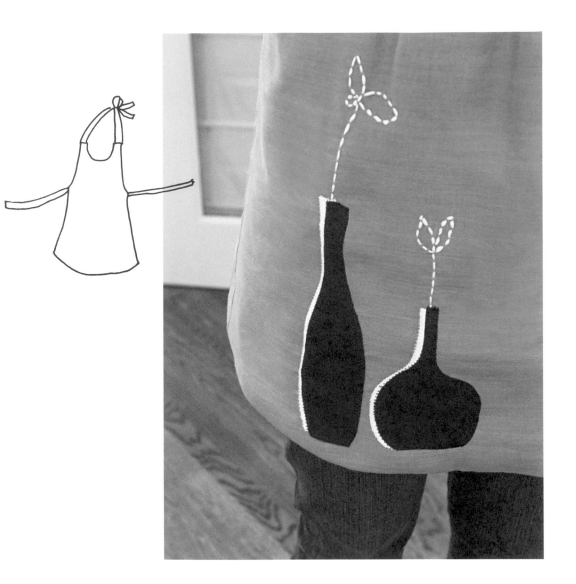

B. 製作圍裙。將布塊翻到**正面**，將兩片印花布片的側面部分和中心部分固定在一起，對齊記號點。

C. 在印花布頂端，沿著領圍，將布料往同一方向摺一小部分（摺兩次），使頂端（領口和袖口之間）形成兩個皺褶，然後對齊褶痕的對齊記號點，以珠針固定，每一個褶寬約¼吋，留¼吋的縫份車縫皺褶。單色布片也重複這個步驟。如果想在單色那一面縫一些裝飾線條或飾品，必須在兩片圍裙縫合前完成。參照圖**2C**

D. 將兩片圍裙布片**正面**對**正面**，將圍裙帶的布邊和圍裙側面印花布的布邊對齊。要注意圍裙帶印花那面要朝下，單色那面朝上，以珠針固定，然後留¼吋的縫份後疏縫（參照p.136疏縫的說明）。

E. **正面**對**正面**，將另外兩條圍裙帶的兩端分別放在領口的兩邊褶皺上，對齊布邊，以珠針固定，留¼吋的縫份後疏縫圍裙帶。

F. **正面**對**正面**，將圍裙的兩面重合，圍裙帶夾在其中，留1/2吋的縫份車縫，除了底邊預留6吋的返口不縫合之外，其他每邊都要車縫，在車縫末端（車線停止點）以回針車縫（參照p.136回針車縫的說明）。

G. 在圍裙帶綁縫製處、圍裙下襬兩個角，以45度角剪掉多餘的布，減少布片的厚度。在領口、側縫和底邊弧形彎曲部分剪好牙口，這樣翻面後才會平整，但要注意別剪到縫線。參照圖**2G**

H. 將圍裙**正面**翻出。用錐子的一端將尖角頂出。將返口處的布邊往內摺½吋，以珠針固定，然後熨平。這裡換成手縫，以藏針縫縫好返口，當然也可以用縫紉機（參照p.139藏針縫的說明）。

大功告成！

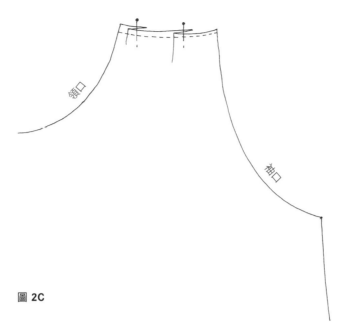

領口

袖口

圖 2C

剪掉

圖 2G

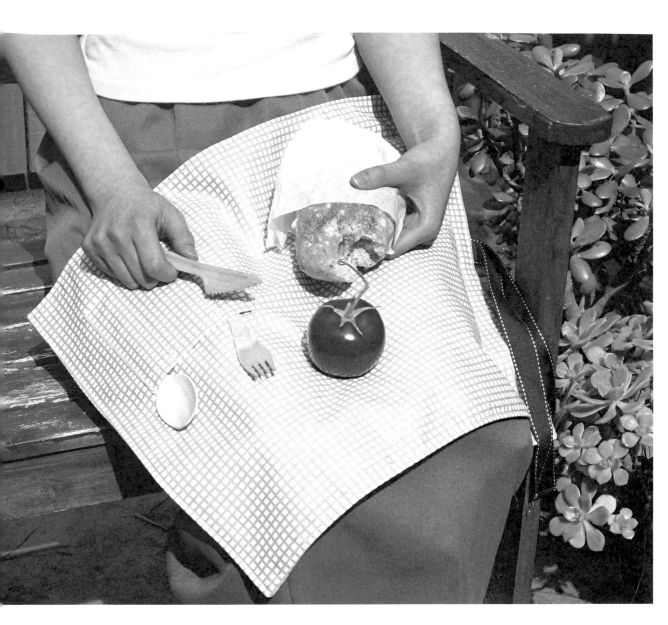

郊外不可少的野餐墊
picnic placemat

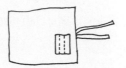

成品尺寸：2張餐墊，每張20吋寬×15吋長
LEVEL 2　進階級

盤墊和刀叉袋的組合，成了這個萬用的野餐墊，讓你在戶外用餐時更加方便。加縫了一條帶子，可以將整個野餐墊捲起來，便於收納和攜帶。此外，帶著它趴趴走，戶外野餐更增添了高雅與樂趣。製作這種野餐墊，可以幫助你熟悉縫紉機的操作，做法相當簡單，花不了多少時間喔！

布料（2張野餐墊）
中厚棉布或亞麻布：1 ⅞碼長（44吋寬）
緞帶：¾碼長（1吋寬）

工具
尺、消失筆、剪刀、珠針、粉片、錐子

小叮嚀
1. 製作前，布料應先清洗、晾乾並燙熨布料，使其預縮（水洗預縮）。
2. 如果沒有特別說明，縫份都是½吋，而所有的紙型都包含了½吋縫份。

翻到下一頁 ▶

步驟1. 按照尺寸，裁剪好所需的布片。

翻到布料的反面，依照下面的尺寸，用尺和消失筆測量並做好標記，然後沿標記線裁剪好所需的布片。

- 裁剪4張餐墊（2張正面，2張反面）：21吋寬×16吋長
- 裁剪2個口袋：5吋寬×5¾吋長

步驟2. 製作餐具袋

A. 將口袋的布片翻到反面，將5吋長的那一邊往內摺¼吋，然後熨平，再往內摺½吋後熨平。留5/16吋的縫份車縫，記得縫線必須穿過摺疊的每層布縫好。縫過的這邊當作口袋的上端。

B. 接著再翻到布片反面，依序將其他三個邊往內摺¼吋，然後熨平，再往內摺¼吋後熨平。

步驟3. 將餐具袋和墊子縫在一起

A. 所有的布正面朝上，將口袋放在餐墊的右側，口袋右邊距餐墊右短邊約2吋距離，底側則距下長邊3吋。確認口袋的開口要和餐墊的上邊平行，將口袋和餐墊縫在一塊。留3/8吋的縫份，沿著長邊從上往下縫，縫好底部後，再往上縫另一邊，在車縫末端（車線停止點）以回針車縫，最後熨平即可。

B. 用尺和消失筆畫標記線，製作裝放餐具口袋的隔層。在距口袋左側縫邊1¼吋處，畫一條線，在距口袋右側縫線1¼吋處，再畫一條線。注意這兩條線要直，必須和口袋的上端和底端都垂直，而且彼此平行。然後沿標記線車縫，從口袋的底端開始往上車縫，在車縫末端（車線停止點）再以回針車縫。

步驟4. 製作餐墊

A. 緞帶從中對摺。將對摺的一端靠左,取距離底側約6½吋處,將緞帶固定在餐墊上(記得要先將餐墊翻到內側)。

B. 將餐墊翻回正面(有口袋那一面),以珠針將餐墊正面和餐墊襯裡固定,把緞帶夾在正面和襯裡的中間。四個邊都要車縫,但在其中一邊要先預留3吋的返口,縫完每一條邊,在車縫末端(車線停止點)以回針車縫,這裡要確認縫線要穿過夾層中的緞帶。

C. 修剪直角多餘的布。

D. 翻到餐墊的內側,用錐子將四個角的布料推出(參照p.138錐子的說明)。

步驟5. 完成作品囉

A. 將布的邊緣熨平,開口處的布邊塞入口內,以珠針固定,然後沿著四邊縫線旁,留¼吋的縫份車縫一道裝飾線(參照p.139裝飾線的說明)。

步驟6. 按照步驟2.~5.,再製作另一張餐墊。

大功告成!

chapter 2

戶外的隨身物品
go

★如果沒有特別註明，書中的單位都是吋（2.54公分）。
★本書中的1碼，約等於90公分。

小叮嚀
★如果沒有特別註明，書中的單位都是吋（2.54公分）。
★本書中的1碼，約等於90公分。

愛不釋手的手提包
simple tote

成品尺寸：13吋寬×15吋長（不含提帶的長度）
LEVEL 2　進階級

對女生來説，似乎永遠都缺少一個包包！當你發現親手縫製一個手提包是
這麼簡單，相信一定會躍躍欲試！嘗試混搭不同的布料，製作各種尺寸的
手提袋，作品會更加多元化。不管是一個書籍雜誌袋、針織手提包、迷你
隨身提袋，或者裝雜物的萬能提包等等，你可以依照各種需求，縫製不同
的手提袋，當然，當作禮物送人也是個好點子。只要會使用縫紉機，就能
輕鬆完成。此外，若想挑戰自己，那麼發揮自己的想像力，在手提包上加
些裝飾性的圖案、花樣或刺繡，都能讓平凡的手提袋變化出不同的風貌。
準備好材料，跟我一塊做吧！

布料
中等厚度的棉布或麻布（手提包上半部、提帶）：5/8碼長
色澤鮮明的棉布或麻布（手提包底面）：1/2碼長

工具
尺、消失筆、剪刀、珠針

小叮嚀
1. 製作前，布料應先清洗、晾乾並燙熨布料，使其預縮（水洗預縮）。
2. 如果沒有特別説明，縫份都是1/2吋，而所有的紙型都包含了1/2吋縫份。

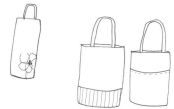

步驟1. 按照尺寸，裁剪好所需的布片。

翻到布料**反面**，依照下面的尺寸，用尺和消失筆測量並做好標記，然後沿標記線裁剪好所需的布片。

- 裁剪1片手提包上半部：14吋寬×33吋長
- 裁剪2條提帶：4吋寬×21吋長
- 裁剪1片底面：14吋寬×11吋長

步驟2. 製作提帶

A. 將一條提帶布片**反面**朝上，4吋長的兩邊往內摺½吋，然後熨平。沿45度角剪掉直角多餘的布，記得不要剪到縫線（參照p.138斜接角的說明）。

B. 將提帶翻到**反面**，以直向中心線為基準，長邊從中對摺，在中間褶痕處對齊布邊，然後熨平，再往內摺後熨平。將開口的三個邊沿邊車縫，從摺過的短邊開始，沿長邊往上縫，再往下車縫另一個短邊。記得縫線必須穿過摺疊的每層布縫好，並且在車縫末端（車線停止點）以回針車縫。

C. 重複**步驟2.**中**A**和**B**的做法，製作另一條提帶。將完成的兩條提帶放於一邊。

步驟3. 製作手提包

A. 底面的布料**反面**朝上，將14吋長的兩個邊往內摺½吋，熨平，這就是底面銜接手提包上半部的兩邊。將底面的布片翻到反面，對摺使兩摺邊重疊（14吋長的兩摺邊）。在中心壓出一條褶痕，再打開布料，正面朝上，放於一旁。參照圖**3A**

A. 將手提包上半部翻到**反面**，14吋的兩個邊對摺，使其重疊。在中摺線壓出一條褶痕，然後打開布料，將布片**正面**朝上。將底面布片以珠針固定在上半部的布片上，使中間的摺痕重合，上下兩處布邊也重疊。參照圖**3B**

B. 讓兩片布片的中心線重疊，然後將底面布片已摺過的兩邊，和上半部布片車縫在一塊，記得縫線必須穿過摺疊的每層布縫好。

C. **正面**對**正面**，將手提包按中間的摺痕對摺，對齊布邊，以珠針固定好，防止底面布片在上半部的布片上滑動。依序車縫各面，縫合時注意先從底部摺合處向上縫，在每個車縫末端（車線停止點）以回針車縫。重複這個步驟，車縫好另一邊，然後熨平縫份，以Z字形車縫布邊，防止縫口磨損、綻線。

翻到下一頁 ▶

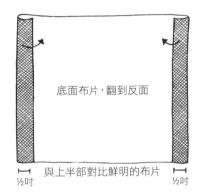

圖 **3A**

底面布片，翻到反面

½吋　　與上半部對比鮮明的布片　　½吋

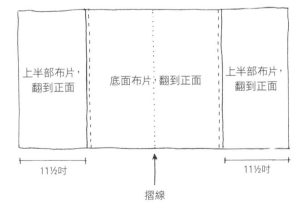

圖 **3B**

上半部布片，翻到正面　　底面布片，翻到正面　　上半部布片，翻到正面

11½吋　　　　　　　　　　　11½吋

摺線

步驟4. 完成作品囉

A. 將手提包尚未縫合的兩個頂邊分別往內摺½吋，然後熨平，再往內摺1吋後熨平。留⅞吋的縫份，車縫包口，記得縫線必須穿過摺疊的每層布縫好。參照**圖4A**

B. 將一條提帶放在手提包口的一側，提帶兩端都各距離手提包邊緣縫線4吋，以珠針固定。將提帶兩端放在手提包的內側，使提帶端口和手提包下摺1吋的摺線重疊。以珠針固定好提帶和手提包，防止提帶扭曲。

C. 車縫方形的縫線，將提帶和手提包縫在一塊。首先，將手提包**內側**朝上，沿提帶的底邊，先把提帶車縫在手提包上，車縫到提帶側邊時先停下，針留在布中，將手提包旋轉90度，再往上縫側邊。同樣縫到頂邊時先停下，針留在布中，旋轉90度，車縫和手提包頂邊平行的縫線，接著再車縫到提帶另一側時先停下，針留在布中，往下車縫，這樣便成了一個方形縫線。也可以在方形縫線內再縫一個「×」，加點裝飾。參照**圖4C**

D. 重複**步驟4.** 的**B**和**C**，將另一條提帶車縫在手提包的另一側。

E. 將手提包翻到**正面**，熨平即可。

大功告成！

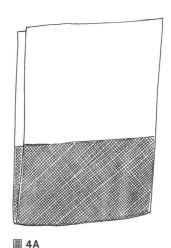

圖 4A

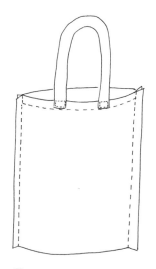

圖 4C

好看耐用的園藝提包

gardening tote

成品尺寸：16½吋寬×10½吋長×5吋深
LEVEL 4 大師級

這款以實用為設計原則的手提包，是個相當完美的園藝提包。提包的空間夠大，外側的隔層能將所有的園藝工具、手套和裝種子的小包，全都分門別類放入其中，井井有條地讓你一目了然。提包內部也很大，能放入鮮花、蔬果等。這個園藝提包製作上需花好幾個小時，適合對縫紉很有經驗的人。此外，建議使用像帆布這類較厚重的布料來縫製，成品更為堅固，使用壽命更長。

布料
較厚的棉布：2碼長
斜紋帶：1¾碼長（1吋寬）

工具
剪刀、珠針、尺、消失筆

小叮嚀
1. 製作前，布料應先清洗、晾乾並燙熨布料，使其預縮（水洗預縮）。
2. 如果沒有特別說明，縫份都是½吋，而所有的紙型都包含了½吋縫份。

翻到下一頁 ▶

步驟1. 按照尺寸，裁剪好所需的布片。

A. 參照紙型，分別裁好以下幾塊布片的紙型：園藝提包前後2個口袋面、側口袋面、底面。

B. 以珠針將紙型和布片固定，用剪刀沿實線剪下。對應紙上的位置，在縫份寬度內剪出¼吋深的對齊點。依照紙型前後口袋面上的縫紉線，用消失筆在布片上做同樣標記。

- 裁剪2片前後口袋面
- 裁剪2片側口袋面
- 裁剪2片底面，其中1片用於襯裡

接著，將布料**翻到反面**，用碼尺按以下尺寸測量，並用消失筆在布的反面標好，再沿著標記線裁剪布片。

- 裁剪4片側面，其中2片用於襯裡：6吋寬×11½吋長
- 裁剪4片前後面，其中2片用於襯裡：17½吋寬×11½吋長
- 裁剪2片提帶：4吋寬×17吋長

C. 將前後面的布片平鋪，**翻到正面**，用消失筆標好縫線位置，縫線距離左右兩邊各6½吋。

步驟2. 製作口袋

A. 將前後口袋面的布片翻到**正面**，用消失筆將紙型上的縫線，對應地標在布片上面。

B. 將兩張側口袋面的布片往中心摺，各摺出兩個皺褶，以珠針將皺褶固定。如圖所示，每個皺褶約⅜吋寬。然後留¼吋縫份，車縫好皺褶，完成後放於一旁。參照圖**B**

C. 如圖所示，將兩張前後口袋面的布片，各摺出四個皺褶，每個皺褶約⅜吋寬。然後留¼吋縫份，車縫好皺褶。參照圖**2C**

D. 正面對著**正面**，以珠針將側口袋面固定在前後口袋面上，將接縫處的布邊重疊。將側口袋面車縫在前後口袋面上，呈布筒形狀。

翻到下一頁 ▶

E. 將斜紋帶直向對摺，熨平。將口袋面翻到**正面**，從前面口袋的左邊開始，將摺好的斜紋帶包住口袋面的頂邊部分，以珠針固定，如同「三明治」般的夾層。把口袋面的頂邊的布邊和斜紋帶的中線對齊，留1吋和開口處重疊，再修剪掉多餘的斜紋布。將斜紋布往內摺½吋包邊，以珠針別住。留⅜吋縫份，車縫好斜紋帶，記得縫線必須穿過摺疊的每層布縫好。完成後放於一旁。

步驟3. 製作提包底面和前後兩面的外側＆襯裡

A. 布片**正面**對**正面**，以珠針將兩個側面與前後面的布片固定在一起（提包的外側），對齊縫口的布後車縫在一塊，在每個車縫末端（車線停止點）以回針車縫，這樣便完成了手提包外側的「布筒」。

B. 重複這個步驟，完成前面、背面和兩個側面的襯裡。

步驟4. 將口袋和手提包的外層車縫在一塊

A. 將口袋布筒的**反面**和外層布筒的**正面**相對，對齊底部的接縫和縫線。

B. 接著，將口袋布筒（褶邊）最下方的布邊和手提包的底邊重疊，留¼吋的縫份疏縫在一塊（針腳較長，用來暫時固定），並沿著底邊，將口袋筒縫在手提包的外層（參照p.136疏縫的說明）。

步驟5. 將手提包的底面和側面車縫在一塊

A. 將紙型上的黑圓點和剪牙口的記號，用消失筆標在底面外層和底面襯裡的**正面**。用剪刀在縫份小心剪牙口，不能超過⅜吋，以免剪到縫線。

B. **正面**對**正面**，將底面外側和疏縫好的外側布筒的底邊固定，將側面的頂點和底面的黑圓點重疊。將底面翻到**反面**，沿著底面縫份車縫，在每個車縫末端（車線停止點）以回針車縫。

步驟6. 將手提包的底部和側面縫車縫在一塊

A. 將一條提帶翻到**反面**，直向對摺，在中間壓出一道摺痕。打開布片，翻到**反面**。將提帶子兩個長邊向中線摺，然後熨平，再對摺後熨平，這樣兩個長邊會重疊在一塊。參照圖**6A**

B. 留⅛吋的縫分車縫，在每個車縫末端（車線停止點）以回針車縫，記得縫線必須穿過摺疊的每層布縫好。重複這個步驟縫製另一條提帶。

圖 2B

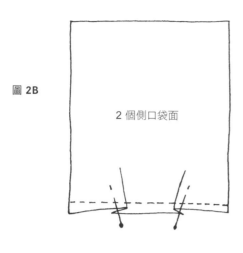

2 個側口袋面

圖 2C

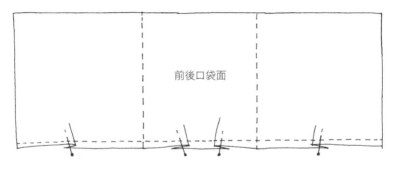

前後口袋面

往內摺

圖 6A

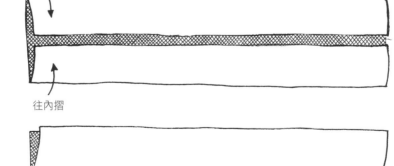

往內摺

翻到下一頁 ▶

步驟7. 完成作品囉

A. 在手提包前面的外層上，從每一塊正面布片和側面布片的接縫處，距離標好提帶的位置約5吋處，先以珠針固定好。

B. 正面對正面，以珠針將一條提帶固定在外層前面布片的內側，把提帶短的那邊的布邊，和手提包頂邊的布邊重疊，留¼吋的縫份，將提帶和手提包疏縫在一塊。重複這個步驟，將另一條提帶車縫在外層後面布片上。

C. 正面對正面，以珠針固定手提包的外層布片和襯裡，對齊布邊和側面，這樣提帶便能夾在兩層布之間。沿手提包四邊車縫，預留4吋的返口，在每個車縫末端（車線停止點）以回針車縫。

D. 將手提包正面翻出，將襯裡塞入手提包內，拉出提帶。將返口處的布邊往內摺½吋，以珠針固定後熨平。這裡換成手縫，以藏針縫縫好返口，當然也可以用縫紉機（參照p.139藏針縫的說明）。

E. 沿著手提包四邊縫線旁，留¼吋縫份車縫一道裝飾線（參照p.139裝飾線的說明）。

大功告成！

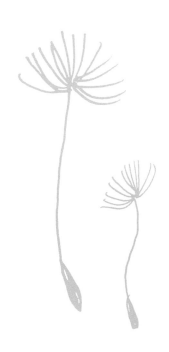

流行時尚的瑜伽墊背包
yoga mat tote

成品尺寸：8吋寬×30吋長（平放的大小）
LEVEL 2　進階級

這個背包不僅具有盛裝瑜伽墊的功能性，更是功能性與時尚的完美結合，是日常生活中最佳的生活配件。此外，在前往瑜伽教室的路上，如果你需要一個手機袋，那建議你在這個背包上縫一個小口袋，是不是很方便呢？這是一款獨特的作品，假若你熟悉縫紉機的操作，必定讓你事半功倍。

布料
中厚棉布或亞麻布：¾碼長
顏色與布片搭配的細繩：¾碼長（約¼吋粗）

工具
尺、消失筆、剪刀、珠針

小叮嚀
1. 製作前，布料應先清洗、晾乾並燙熨布料，使其預縮（水洗預縮）。
2. 如果沒有特別説明，縫份都是½吋，而所有的紙型都包含了½吋縫份。

翻到下一頁 ▶

步驟1. 按照尺寸，裁剪好所需的布片。

A. 翻到布料**反面**，依照下面的尺寸，用尺和消失筆測量並做好標記，然後沿標記線裁剪好所需的布片。

- 裁剪1片背包身：17吋寬×32吋長
- 裁剪1片肩帶：5½吋寬×40吋長
- 裁剪1片外側口袋：6吋寬×13吋長

步驟2. 製作口袋

A. 將布片**正面**朝內後對摺，摺後的布片尺寸是6吋×6½吋。先車縫6½吋長的兩個邊，然後將布的**正面翻**出。將未車縫的那邊往內摺1½吋，熨平。以珠針將口袋固定在包身上，剛才熨平的那一邊放在底部，口袋放在距離背包身17吋那邊3吋，距離32吋那邊2吋的位置。

B. 沿著口袋的一邊從上往下縫，縫好底部後，再往上縫另一邊，在車縫末端（車線停止點）以回針車縫。

步驟3. 製作肩帶

A. 將肩帶布片直向對摺（40吋長度不變），對齊布邊。留½吋的縫份，沿著39吋長（因車線開始點和停止點都距離布邊½吋）的一邊從上往下縫，縫好底部後，再往上縫另 一邊，在車縫末端（車線停止點）以回針車縫。

B. 將肩帶的正面翻出，然後熨平。

翻到下一頁 ▶

步驟4. 組合瑜伽墊背包

A. 將背包身的布片**正面**朝內後對直向對摺，對齊布邊。將肩帶的一端塞入背包身的底邊，放在底邊的中間，這樣肩帶便能夾在兩層布之間。從底部開始車縫，再朝背包身未對摺的長邊往上車縫，在距離頂邊2½吋處停止車縫，在車縫末端（車線停止點）以回針車縫。接著，移到長邊的頂部往下車縫，縫到距離頂邊1½吋處停止車縫，使長邊中間形成一個1吋長的開口（抽繩口），將縫口熨平。將頂邊的布往內側摺1/2吋，熨平，然後再摺1吋後熨平，沿邊車縫好。將肩帶未固定的那一端往上拉起，把肩帶的上端往下摺½吋後熨平，這裡要把摺端壓在頂端縫線的下方，沿端縫線將肩帶和背包身車縫在一塊，接著再車縫底邊，縫到約³⁄₈吋處停止車縫，再往上縫側邊，整個車縫線使袋子成為一個長方形。參照圖**4A**

B. 將細繩的兩端打結，防止脫線，然後將其穿過1吋長的開口（抽繩口）內。

大功告成！

圖 **4A**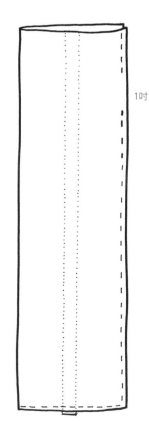

1吋

人氣不敗的萬用手提包

all-day tote

成品尺寸：14吋寬×10吋長×6吋深

LEVEL 3 高手級

我只能形容這絕對是一個萬能包！它有許多口袋，可以放入一天的所需，像鑰匙、手機、零錢、報紙以及其他雜物等等。製作前，尋找一塊自己最愛的布料，就能每天用而不厭煩。材質上，建議選較結實的布料來製作，比如說帆布。這個手提包的製作時間可能需要花上1～2天時間，大家一定要有耐心喔！

布料
中厚棉布或麻布（包身）：1碼長
中等厚度的棉布或麻布（襯裡）：1碼長
斜紋帶：½碼長（1吋寬）

工具
尺、消失筆或粉片、剪刀、珠針、直徑½吋的金屬鑰匙環、1個鑰匙扣

小叮嚀
1. 製作前，布料應先清洗、晾乾並燙熨布料，使其預縮（水洗預縮）。
2. 如果沒有特別說明，縫份都是½吋，而所有的紙型都包含了½吋縫份。
3. 金屬鑰匙環和塑料、金屬鑰匙扣可在手作材料行、五金行或配鑰匙的店買到。

翻到下一頁 ▶

步驟1. 按照尺寸，裁剪好所需的布片。

A. 翻到布料**反面**，依照下面的尺寸，用尺和消失筆測量並做好標記，然後沿標記線裁剪好所需的布片。

〈手提包外面部分〉

- 裁剪1個底面：7吋寬×15吋長
- 裁剪2個前後面：15吋寬×11吋長
- 裁剪2個側面：7吋寬×11吋長
- 裁剪1個側面口袋：7吋寬×7吋長
- 裁剪1個前面口袋：10吋寬×11吋長
- 裁剪2條提帶：4吋寬×15吋長

〈手提包襯裡〉

- 裁剪1個底面：7吋寬×15吋長
- 裁剪2個前後面：15吋寬×11吋長
- 裁剪2個側面：7吋寬×11吋長
- 裁剪1個提包內側口袋：7吋寬×5吋長

步驟2. 製作外部側面

A. 將側面口袋布片翻到**反面**，將7吋的兩個邊往內摺¼吋，然後熨平，再往內摺¼吋後熨平。留3/16吋的縫份車縫，記得縫線必須穿過摺疊的每層布縫好。完成後放於一旁。

B. 將布片翻到**正面**，以珠針將側面口袋和其中一個側面布片固定，並且將口袋的三個布邊分別和提包側面的底邊、兩個側邊重疊。留¼吋的縫份，疏縫在一塊（參照p.136疏縫的說明）。

步驟3. 製作手提包的前面

A. 裁剪11吋長的斜紋帶，然後直向對摺（11吋長度不變），熨平。將前面口袋布片翻到**正面**，將11吋長的那邊夾入斜紋帶的摺縫裡。口袋的布邊和斜紋帶中間摺痕處齊平，留3/8吋的縫份車縫，記得縫線必須穿過摺疊的每層布縫好。

B. 將布料翻到**正面**，以珠針將口袋固定在前面布片上，將它們底側的布邊重疊，口袋的左側布邊和前面布片的左邊重疊，將口袋縫有斜紋帶的一邊和前面布片疏縫在一塊，接縫線距前面布片¼吋，底邊則距離2吋，並在車縫末端（車線停止點）以回針車縫。參照圖3B

翻到下一頁 ▶

步驟4. 完成手提包外側

A. 布片**正面**對**正面**（即內側朝外），以珠針將縫有口袋的側面固定在前面布片的左邊，須將手提包前面口袋的底布邊和側面底邊的布邊對齊。從手提包的上端往下車縫，在距離底邊½吋處停止車縫，並在車縫末端（車線停止點）以回針車縫。

B. 布片**正面**對**正面**，以珠針將另一塊側面布片固定在前面布片的右側，須將它們的頂邊和底邊的布邊重疊。從手提包的上端往下車縫，在距離底邊½吋處停止車縫，並在車縫末端（車線停止點）以回針車縫。

C. 布片**正面**對**正面**，把背面布料貼著側面布料放，將它們的三條布邊疊合在一起。然後將這兩面縫合在一起，從頂邊往底縫，縫到距底邊½吋處停止縫合，並在車縫末端（車線停止點）以回針車縫，你就完成了手提包的外側布筒啦！

D. 布片**正面**對**正面**，以珠針固定布筒和底面布片上，確定布筒的側縫線和底面布片的各個角都對齊。把各個縫份導開（就是把縫份像門一樣左右攤開平整），將它們一一與底面布片的各條邊對齊。沿著四邊，車縫布筒和底面布片，並在車縫末端（車線停止點）再以回針車縫。

步驟5. 製作襯裡

A. 將內側口袋貼在背襯上。將口袋翻到**反面**，把7吋長的一邊往內摺¼吋，然後熨平，再摺¼吋後熨平，留3/16吋的縫份車縫。記得縫線必須穿過摺疊的每層布縫好。

B. 同樣將口袋布片翻到**反面**，其餘三個邊都往內摺¼吋，然後熨平，再摺¼吋後熨平。

C. 將口袋布片翻到**正面**，放在後側襯裡的布片上，參照圖示，將口袋的三個布邊和後面襯裡車縫在一塊，從口袋上端往下端縫，縫好底部後，再往上縫另一邊。參照圖**5C**

D. 用尺和消失筆在口袋上標出縫份——距右側邊緣2吋，確保這條線和上下兩端垂直，且和左右兩側平行。

E. 再按照步驟**4.**的**A～D**步驟，完成襯裡。

步驟6. 製作提帶

A. 將製作提帶的布片翻到**反面**，直向對摺（長度仍維持不變），壓出摺痕。將布打開，**反面朝上**。以中間的摺痕為基準，將兩個長邊向其對齊、摺疊，在摺痕處對齊布邊，熨平。再次直向對摺（長度仍維持不變，但寬度只有原來的¼），再熨平，將摺疊的兩個長邊重疊。

B. 接著，車縫提帶的三個邊，並在車縫末端（車線停止點）以回針車縫。記得縫線必須穿過摺疊的每層布縫好。重複這個步驟，完成另一條提帶。

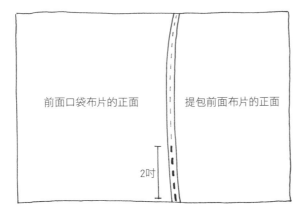

前面口袋布片的正面　　　　　提包前面布片的正面

2吋

圖 3B

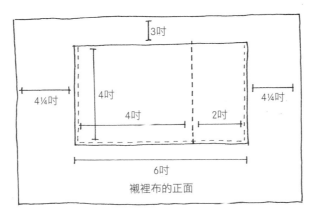

3吋

4吋

4吋

2吋

4¼吋

4¼吋

6吋

襯裡布的正面

圖 5C

翻到下一頁 ▶

步驟7. 製作鑰匙帶

A. 剪下6吋長的斜紋帶，將1吋長的那一邊往內摺½吋，然後熨平，再將斜紋帶直向對摺後熨平。

B. 將鑰匙環穿入斜紋帶摺過的一端。接著，將沒有摺過的兩個長邊車縫，並在車縫末端（車線停止點）以回針車縫。

步驟8. 完成作品囉！

A. 將提包的前面襯裡布翻到**正面**，在上面標出提帶車縫的位置。在距離車縫提包前面和側面的縫份3吋處，以珠針固定。

B. 布片**正面**對**正面**，以珠針將提帶固定在前襯上，將提帶的兩個布邊分別放在手提包的上端邊緣，同時得防止提帶彎曲。留¼吋的縫份，將提帶和手提包疏縫。重複這個步驟，將另一條提帶縫在襯裡布上。

C. 將鑰匙帶車縫在側面襯裡布的**正面**頂端上。

D. 布片**正面**對**正面**，以珠針固定提包的外側面和襯裡布，對齊布邊和邊縫線，這時提帶和鑰匙帶是夾在這兩層布之間。車縫襯裡布和外側面，在一端預留4吋的返口不縫，並在每個車縫末端（車線停止點）以回針車縫。參照圖**8D**

E. 將提包的正面翻出，襯裡布塞入提包內，拉出提帶。將返口處的布邊往內摺½吋，以珠針固定，然後熨平。這裡換成手縫，以藏針縫縫好返口，當然也可以用縫紉機（參照p.139藏針縫的說明）。

F. 在距離提包上端的縫線旁，留¼吋的縫份車縫一道裝飾線（參照p.139裝飾線的說明）。

G. 將鑰匙扣掛入鑰匙帶即可。

大功告成！

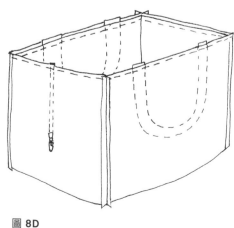

圖 **8D**

不退流行的遮陽帽

sun hat

成品尺寸：成人單一尺寸

LEVEL 3　高手級

這頂寬邊遮陽帽不僅具有時尚味，更是永不退流行的經典款式。海邊度假時戴著它，能呵護你的肌膚，不被日照晒傷。盛夏時，一手提著園藝包，再戴上這個帽子，光想著這情景便覺得美不勝收。不管你是要保護皮膚，或者戴上它有個好心情，別猶豫，立刻開始動手吧。這個作品有一點點難度，需要一些縫紉經驗，此外，製作時間也不可少。

布料
中輕薄棉布（帽子）：¾碼長（44吋寬）
輕薄棉布（襯裡）：¾碼長（44吋寬）
黏性布襯：¾碼長

工具
剪刀、珠針、手縫針和線

小叮嚀
1. 製作前，布料應先清洗、晾乾並燙熨布料，使其預縮（水洗預縮）。
2. 如果沒有特別說明，縫份都是½吋，而所有的紙型都包含了½吋縫份。

翻到下一頁 ▶

步驟1. 按照尺寸，裁剪好所需的布片。

A. 參照紙型，分別裁好以下幾塊布片的紙型：帽頂、帽身和帽簷。

B. 將布片翻到**正面**，將製作帽子的布片對摺，對齊布邊。用珠針將紙型別在布上，確認紙型上標記的布紋方向和布紋平行，沿紙型的實線裁剪布料，然後重複這個步驟，裁剪襯裡的布片（參照p.137布紋的說明）。參照圖**1A＋B**

C. 從黏性布襯上裁剪好帽簷襯裡。

翻到下一頁 ▶

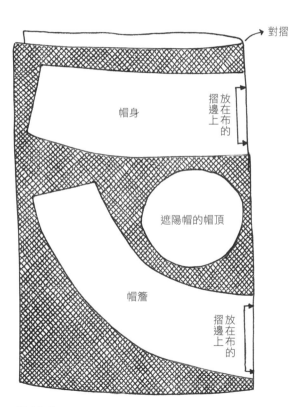

圖 **1A+B**

步驟2. 製作帽子

A. 參照使用說明，將黏性布襯貼在帽簷的襯裡上（通常是將布襯上有藥膜那一面朝向襯裡布片的反面，以熨斗從布襯的中心點往外輕推，重複這個動作，直到布襯貼牢）。

B. 布片**正面**對**正面**，對齊帽簷後中心的布邊後車縫，熨平縫份。重複這個步驟，製作帽簷的襯裡。

C. 布片**正面**對**正面**，沿外邊車縫帽簷和襯裡，然後翻回**正面**，熨平。參照圖**2C**

D. 留¼吋的縫份，沿帽簷四周車縫一道裝飾線，縫回起點時，在車縫末端（車線停止點）以回針車縫。然後在距離上一道裝飾線約¼吋處，再縫一道裝飾線，重複這個步驟一直車縫，直到縫線距帽簷內側½吋（帽簷和帽身會在這裡連接）為止（參照p.139裝飾線的說明）。

E. 將帽身的布片翻到**正面**，對齊帽身後中心的布邊，以珠針固定後車縫，再熨平縫口。參照圖**2E**

F. 布片**正面**對**正面**，以珠針將帽簷固定在帽身上，在縫份上剪好牙口，使翻面後布片較平整。要小心在裁剪過程中，不可修剪超過⅜吋，然後車縫。

G. 布片**正面**對**正面**，以珠針固定帽頂和帽身，在縫份上剪好牙口，使翻面後布片較平整。要小心在裁剪過程中，不可修剪超過⅜吋，然後車縫。參照圖**2G**

H. 重複步驟**2.**中和**D～F**製作襯裡。

I. 將襯裡布翻到**反面**，將帽身的下邊往上端方向摺½吋，然後熨平。

步驟3. 完成作品囉

A. 將襯裡嵌入帽內，**反面**對**反面**，使襯裡的後中心線和帽子的後部重疊。以珠針固定帽身襯裡摺過的底邊和帽身，即可包住帽簷和帽身的縫口。

B. 以手縫帽身襯裡摺邊和帽簷的裡邊。參照圖**3B**

大功告成！

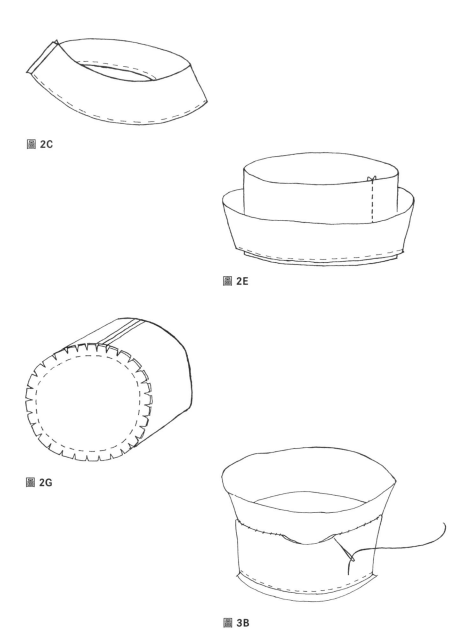

圖 2C

圖 2E

圖 2G

圖 3B

簡易輕便的抽繩後背包
simple drawstring backpack

成品尺寸：12吋寬×15吋長

LEVEL 2　進階級

利用簡單的設計，就能量身訂做一個屬於自己、實用好看的雙肩後背包。當你在山上散步時，正好可以把午餐盒或筆記本裝入後背包中，實在太棒了！又或者當你在傳統市集時，可以拿來裝一些必需品，這個包包也是不錯的選擇喔。雖然它的製作方法非常簡單，但也得花上一天。若是縫紉初學者，這個作品絕對可以提升你的縫紉技巧。

布料
中厚棉布或麻布：1½碼長（44吋寬）

工具
尺、消失筆或粉片、剪刀、珠針、大型安全別針

小叮嚀
1. 製作前，布料應先清洗、晾乾並燙熨布料，使其預縮（水洗預縮）。
2. 如果沒有特別說明，縫份都是½吋，而所有的紙型都包含了½吋縫份。

翻到下一頁 ▶

步驟1. 按照尺寸，裁剪好所需的布片。

按照下面的規格，用尺測量大小，並用消失筆在布的**反面**做好標記。接著，沿標記線將其剪下。

- 裁剪1個包身：13吋寬×33½吋長
- 裁剪1個口袋：13吋寬×9½吋長
- 裁剪2條背帶：4吋寬×54吋長

步驟2. 製作肩帶

A. 將肩帶布片翻到**反面**，把兩條長邊往中心線直向對摺，然後熨平，再對摺後熨平，接著沿開口的長邊車縫。

B. 重複這個步驟，完成另一條肩帶，放於一旁。

步驟3. 製作背包口袋和包身

A. 將口袋布片的頂邊縫上摺邊，然後翻到反面，將13吋長的一邊往內摺¼吋，然後熨平，再往內摺½吋後熨平，留⅜吋的縫份車縫，記得縫線必須穿過摺疊的每層布縫好。

B. 將飾有摺邊的口袋和背包的前面布片車縫在一塊。將包身布片翻到**正面**，橫向對摺，讓13吋長的兩個邊重疊，熨平。將布片攤開，在距離中心摺線右邊1吋處，用消失筆和尺畫一條平行線。將口袋布片沒有摺邊的那一個布邊，重疊在與中心摺線平行的那條線上，使其**正面**對**正面**。距口袋邊緣½吋，將口袋車縫在包身上。參照圖**3B**

C. 完成口袋的製作。翻出口袋的**正面**，熨平。準備製作分隔的口袋，用消失筆和尺在距兩個邊7½吋處各畫一條線，這樣兩個口袋就會一樣大，當然，你也可以依個人需求，製作大小不一的口袋。接著，按畫好的線車縫，並在每個車縫末端（車線停止點）以回針車縫，然後熨平。

D. 將包身的布片橫向對摺，布片**正面**對**正面**，使13吋的兩個邊重疊。以珠針固定側邊，確認口袋布片的布邊和側邊布片的布邊重疊。在距離頂邊3吋處往下車縫，直到距底邊2吋處停止車縫，留½吋的縫份，車縫兩個側邊。

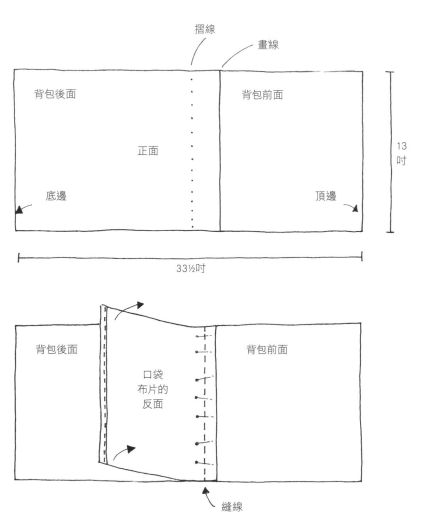

圖 3B

E. 製作可穿入背帶的穿帶孔。將包身翻到**反面**，熨平一條頂端的縫口。將頂邊往內摺¼吋，然後熨平，再摺1¼吋後熨平。留1⅛吋的縫份車縫，記得縫線必須穿過摺疊的每層布縫好。另一個頂邊也依此步驟車縫好，最後翻出背包的正面。

步驟4.將背帶穿過穿帶孔內

A. 將背包平放，**正面**朝外，如圖所示兩個穿帶孔要平行。將第一條背帶飾有摺邊的一端朝下，從右到左穿過包身上面那個穿帶孔，再從左至右穿過下面的穿帶孔。在背帶其中一段別上一枚較大的安全別針，有助於將背帶順利穿過穿帶孔。確認肩帶平直，接著以安全別針固定背帶的兩端。參照圖**4A＋B**的小圖**1**

B. 將第二條背帶飾有摺邊的一端朝向下面的穿帶孔，將它朝相反的方向穿過穿帶孔。先從左至右穿過包身上面的穿帶孔，再從右至左穿過底部的穿帶孔。確認背帶沒有扭曲，將兩端固定在一起。現在這兩條背帶會形成U字形，開口方向相反。參照圖**4A＋B**的小圖**2**

步驟5.完成作品囉！

A. 將背包平放，把右側背帶的兩端（固定在一起）塞到背包右下角的開口裡，再將左側背帶的兩端口（固定在一起）也塞入背包左下角的開口裡。

B. 翻到背包**反面**，確認背帶沒有扭曲。將第一條背帶兩端上的安全別針拿走，將側邊縫口和兩端的布邊重疊，以珠針固定，沿著閉合的開口車縫，在每個車縫末端（車線停止點）以回針車縫。重複這個步驟，將反面背帶的兩端也車縫好，再翻回背包**正面**，熨平即可。

大功告成！

小圖1，從上方看

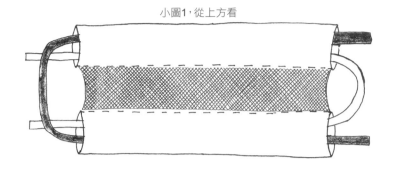

小圖2，從側面看

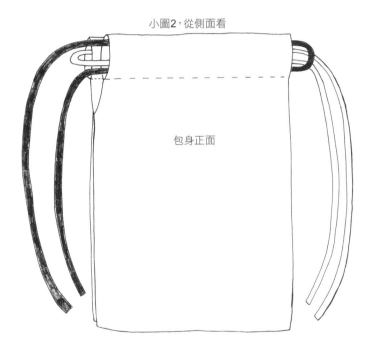

包身正面

圖 4A+B

chapter 3

臥房的布雜貨
nest

小叮嚀
★如果沒有特別註明，書中的單位都是吋（2.54公分）。
★本書中的1碼，約等於90公分。

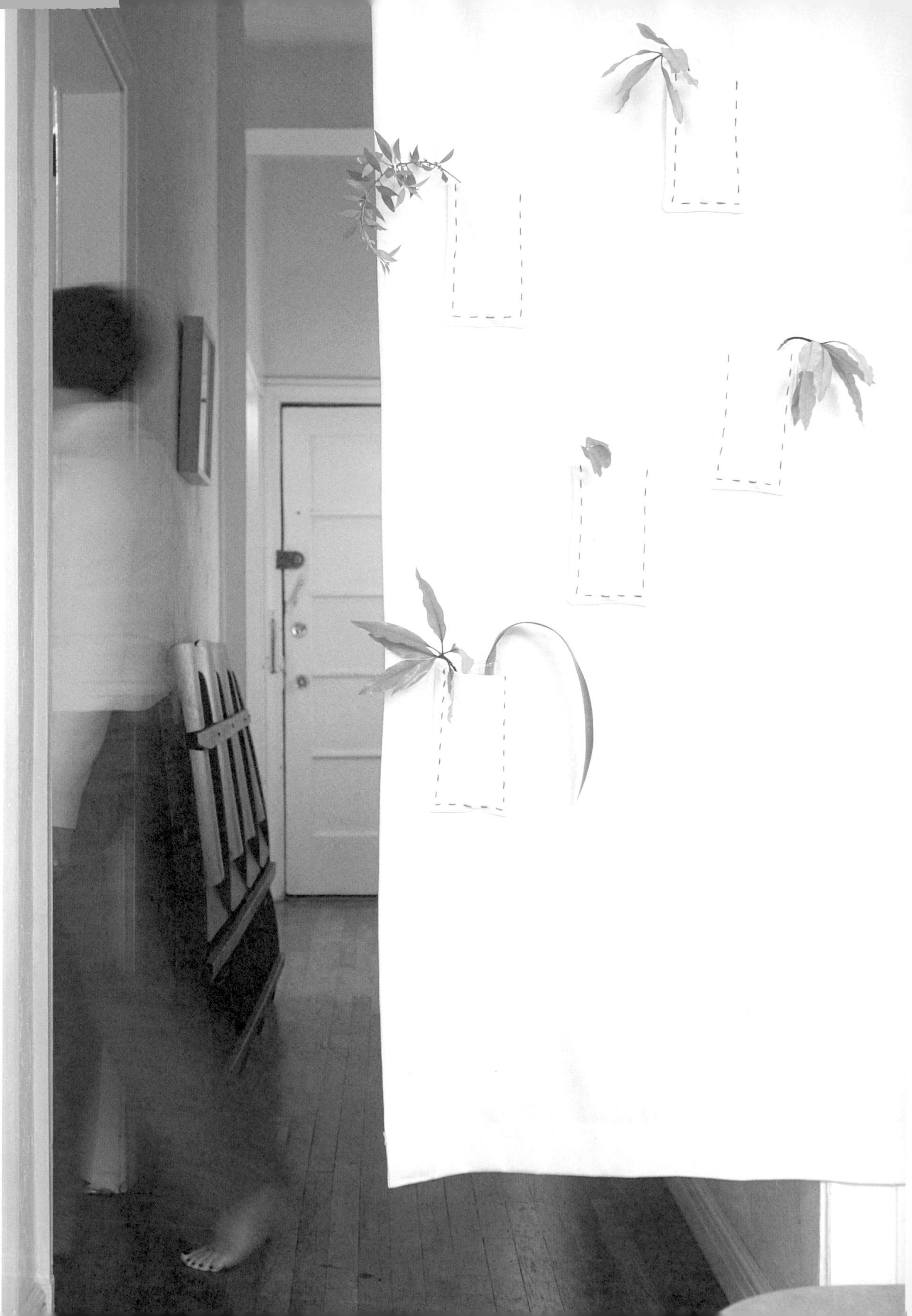

清新自然的口袋掛簾

curtain with pockets

成品尺寸：適合自家門窗或房間的尺寸
LEVEL 2 進階級

掛簾，可以有效地區隔房間的空間，讓房間內的裝潢增添新的元素。不論是掛在門外，或是用來區隔床鋪和活動區域，都能巧妙地將空間完美區隔。我在這款掛簾上設計了實用的口袋，可以試著放入試管，在暖春季節，以含苞待放的花苞點綴，將自然元素融入生活，讓室內綠意盎然，沉醉於清新的氛圍中。這款掛簾原來設計了三個口袋，你也能依個人喜好縫上多個口袋。當然，口袋的大小也可量身訂做，放一些小飾品或收藏品。

布料
輕中厚的棉布或麻布：掛簾尺寸可參照製作表

工具
尺、消失筆、剪刀、珠針
½吋掛簾桿：寬度以適合自家的寬度為佳
玻璃試管3～6根：6吋高，直徑1¼吋（150mm×25mm），可參考商店實際物品尺寸

小叮嚀
1. 窗簾的寬度和長度依自家的門窗或房間大小而定。仔細閱讀並參照下面的製作表，以決定需要的布量。
2. 製作前，布料應先清洗、晾乾並燙熨布料，使其預縮（水洗預縮）。
3. 如果沒有特別說明，縫份都是½吋，而所有的紙型都包含了½吋縫份。

製作表

算算布片數
1. 填寫掛簾桿的寬度：
2. 增加4½吋（兩側邊往內摺2¼吋）
3. 除以布料寬度：＿＿＿＿＿＿
4. 以四捨五入，算出需用的布片數的整數：
＿＿＿＿＿＿

算算長度
1. 從掛簾桿頂部開始，測量所需的尺寸：
＿＿＿＿＿＿
2. 在頂邊和桿袋多加4¼吋：＿＿＿＿＿＿
3. 在底邊、貼邊多加4¼吋：＿＿＿＿＿＿
4. 在試管口袋多加12吋：＿＿＿＿＿＿

將每塊布的大小乘以需要的數量，來計算所需布料的總尺寸。

翻到下一頁 ▶

步驟1. 安裝掛簾桿

A. 測量尺寸前,將掛簾桿安裝在窗戶,或其他需要掛簾的地方。

步驟2. 測量寬度

A. 按製作表記錄的測量值,決定需要剪裁的布片總數和總長度。

B. 直向剪開布料,如需額外的寬度,可在布片左右兩側另縫布片。

步驟3. 裁剪布片

A. 翻到布料**反面**,依照下面的尺寸,用尺和消失筆測量並做好標記,然後沿標記線裁剪好所需的布片。

- 裁剪4個裝試管的口袋:4吋寬×12吋長

步驟4. 製作掛簾

A. 若製作的掛簾較寬,需要幾張布片,那可以將這幾塊布片**正面**對**正面**,拼合布邊,沿邊車縫在一塊,然後熨平。

B. 將車縫好的掛簾布翻到**反面**,將左右兩側往中心摺¼吋,然後熨平,再摺2吋後熨平。在距離側邊³⁄₁₆吋處車縫,就完成了兩邊的貼邊。

C. 將掛簾布翻到**反面**,將頂邊往下摺¼吋,然後熨平,再摺2吋後熨平,留³⁄₁₆吋的縫份車縫,就完成頂部桿袋。

D. 將掛簾布翻到**反面**,底邊向上摺¼吋,然後熨平,再摺2吋後熨平。留³⁄₁₆吋的縫份車縫,就完成底邊的貼邊。

步驟5. 製作試管口袋

A. 將一塊試管袋布片橫向對摺,使**正面**對**正面**,左右兩邊留¼吋的縫份車縫。以45度斜接角剪掉四個直角,這裡要小心不要剪到縫線。

B. 翻回口袋**正面**,熨平。將底邊布邊往口袋內側摺½吋,熨平。重複這個步驟,完成另外兩個口袋(參照p.138斜接角的說明)。

步驟6. 完成作品囉

A. 將掛簾套在掛簾桿上。眼睛平視，在距離掛簾左邊緣3吋處做標記，並把第一個口袋的左邊緣放在標記處，以珠針固定在上面。參照下圖，確認口袋的上邊朝掛簾的上邊，然後以珠針固定另外兩個口袋，確認幾個口袋都彼此上下平行。

B. 沿邊將口袋車縫在掛簾上，由口袋一側從上往下縫，縫好底部後，再往上縫另一邊，在車縫末端（車線停止點）以回針車縫，最後熨平即可。參照圖 **6A+B**

大功告成！

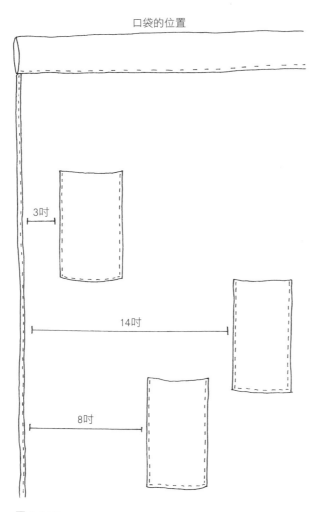

圖 6 A+B

明亮繽紛的印花被套

duvet cover

成品尺寸：雙人床（68吋×68吋），加大雙人床（88吋×88吋），
特大雙人床（104吋×88吋）

LEVEL 2　進階級

這床布花設計的棉被，絕對能讓你徜徉在各種美麗圖案、印花和喜愛的顏色當中。只要蓋著它，不管白天或夜晚，都能沉浸於喜悅中。選好一塊布，試試縫製一床和枕頭套搭配的床單，或發揮創造力，製作一床擁有鮮明色彩和多樣圖案的床單。但光看到這麼大一床被，以及拼縫多種布料的技巧，容易讓人以為工程浩大，難度很高，令人卻步。其實這只是看起來難，實際上只要會使用縫紉機，便能輕鬆完成這件作品。

布料
輕薄棉布（雙人床）：8碼長
輕薄棉布（加大雙人床）：10碼長
輕薄棉布（特大雙人床）：12碼長

工具
尺、消失筆、剪刀、珠針

小叮嚀
1. 製作前，布料應先清洗、晾乾並燙熨布料，使其預縮（水洗預縮）。
2. 如果沒有特別說明，縫份都是½吋，而所有的紙型都包含了½吋縫份。

步驟1. 按照尺寸，裁剪好所需的布片。

翻到布料**反面**，依照下面的尺寸，用尺和消失筆測量並做好標記，然後沿標記線裁剪好所需的布片。

〈雙人床〉

- 裁剪3片寬布：45吋寬×69吋長
- 裁剪2片窄布：25½吋寬×69吋長
- 裁剪12條繫帶：2吋寬×9吋長

〈加大雙人床〉

- 裁剪3片寬布：45吋寬×89吋長
- 裁剪2片窄布：25½吋寬×89吋長
- 裁剪16條繫帶：2吋寬×9吋長

〈特大雙人床〉

- 裁剪3片寬布：45吋寬×105吋長
- 裁剪2片窄布：25½吋寬×105吋長
- 裁剪18條繫帶：2吋寬×9吋長

步驟2. 將布片車縫在一塊

A. 按以下順序將布片車縫在一塊：一片窄布、三片寬布，最後再放一片窄布。將前兩片布片的長邊對齊，**正面**對**正面**，以珠針固定，車縫成一片布。然後將這一片布和第三片布，正面對正面，對齊布邊後車縫。重複這個步驟，將所有布片都拼接在一起。

B. 接著，朝一側熨平縫份，以Z字形車縫布邊，防止縫口磨損、綻線。完成後的布片尺寸是：182吋×69吋（雙人床尺寸），或182吋×89吋（加大雙人床尺寸）、182吋×105吋（特大雙人床尺寸）。參照圖**2A+B**

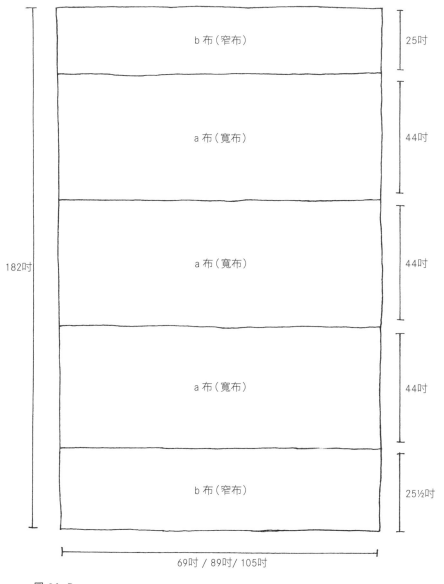

b 布（窄布）　　25吋

a 布（寬布）　　44吋

a 布（寬布）　　44吋

a 布（寬布）　　44吋

b 布（窄布）　　25½吋

182吋

69吋 / 89吋/ 105吋

圖 2A+B

步驟3. 車縫被套

A. 將被套對摺，**正面**對**正面**，將兩個窄面的布邊和布塊上的縫線對齊。如圖所示，沿摺邊往下車縫至開口處，完成左右兩邊的車縫，並在車縫始端和末端（車線開始點和停止點）以回針車縫。將縫份往一側熨平（導縫份），以Z字形車縫布邊，防止縫口磨損、綻線。參照圖**3A**

B. 將開口的底邊向**反面**摺½吋後熨平，再摺1吋後熨平。留⅞吋的縫份，繞底邊車縫，並在車縫始端和末端（車線開始點和停止點）以回針車縫。

步驟4. 縫上繫帶

A. 製作繫帶：將繫帶的兩短邊往**反面**摺½吋，然後熨平，沿斜線方向剪掉摺角。將繫帶的長邊往中心線對摺，熨平，然後直向對摺，再次熨平。從短邊往下縫合，保持針在布中，旋轉90度，再沿長邊車縫開口，保持針在布中，再將其旋轉90度，往上車縫另一個短邊，車縫時，記得在車縫始端和末端（車線開始點和停止點）以回針車縫。重複這個步驟完成其他繫帶。

B. 將繫帶和被套車縫在一塊：先將一半的繫帶放在被套開口的一邊上，繫帶間距相等。將每條繫帶的一端插入被套的**反面**（裡面）約1吋，然後將繫帶和被套車縫在一塊。車縫時要在繫帶的邊緣處，以及被套的邊緣處（和繫帶連接處）以回針車縫。再按照上面的步驟，將其餘的繫帶插入另一邊上，這裡要注意和剛才先縫好的繫帶位置對齊。固定好位置後以同樣方法車縫。參照圖**4B**

大功告成！

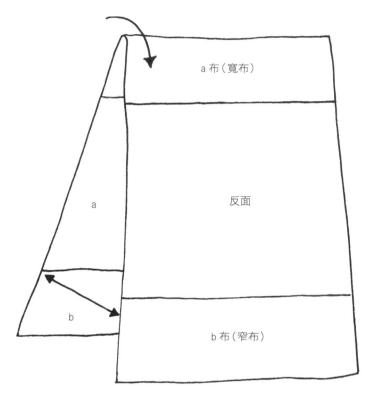

a布（寬布）

反面

a

b

b布（窄布）

圖 3A

圖 4B

滿滿趣味的枕頭套
pillowcase

成品尺寸：**標準**（26吋×19吋），**加大**（30吋×19吋），
特大（36吋×1吋）

LEVEL 1　入門級

枕在自己縫製的枕頭套上，內心的滿足真是難以言喻。而且它的做法
真的非常簡單，甚至可以一下縫出許多個成品。這個作品尤其適合縫
紉新手，絕對讓你擁有成就感。以下的說明，有助於你完成搭配適合
枕芯尺寸的枕頭套。此外，如果能在枕頭套外再縫飾一些刺繡或字母
圖案，更可以增添趣味。

布料（2個枕頭套）
薄棉布：1⅞碼長（44吋）

工具
尺、消失筆、剪刀、珠針、錐子

小叮嚀
1. 製作前，布料應先清洗、晾乾並燙熨布料，使其預縮（水洗預縮）。
2. 如果沒有特別說明，縫份都是½吋，而所有的紙型都包含了½吋縫份。

翻到下一頁 ▶

步驟1. 按照尺寸，裁剪好所需的布片。

A. 翻到布料**反面**，依照下面的尺寸，用尺和消失筆測量並做好標記，然後沿標記線裁剪好所需的布片。

〈標準〉

- 裁剪2片布：27吋寬×20吋長
- 裁剪2片布：31吋寬×20吋長

〈加大〉

- 裁剪2片布：31吋寬×20吋長
- 裁剪2片布：35吋寬×20吋長

〈特大〉

- 裁剪2片布：37吋寬×20吋長
- 裁剪2片布：41吋寬×20吋長

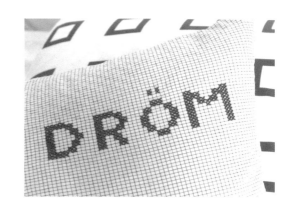

步驟2. 製作枕頭套

A. 將尺寸較小的布片翻到**反面**。將20吋那一邊往上摺¼吋，然後熨平，再摺¼吋後熨平，留³⁄₁₆吋的縫份車縫。

B. 將尺寸較大的布片翻到**反面**。將20吋那一邊往上摺¼吋，然後熨平，再摺¼吋後熨平，留³⁄₁₆吋的縫份車縫。再將這一邊往上摺4吋，熨平，完成緊閉的口袋。

C. 將布片**正面**對**正面**，剩下的三個布邊以珠針固定對齊。將4吋的摺邊翻起來，蓋過開口處，摺疊，以珠針固定，同時對齊枕頭套的布邊，這樣就完全封住開口。這樣看起來似乎不正確，但別著急，相信我，繼續往下做！參照圖**2C**

D. 留½吋的縫份車縫好三個邊，並確認縫線確實穿過4吋的翻蓋。參照圖**2D**

E. 將剪刀與布片的直角交叉呈45度後，剪下多餘的布料。這裡要小心，別剪到縫線。

F. 以Z字形車縫三個布邊，防止縫口磨損、綻線。

G. 將4吋的翻蓋翻至另一邊，然後翻出枕頭套的**正面**，用錐子推出角（參照p.138錐子的說明）。

步驟3. 重複步驟A～G，完成另一個枕頭套。

大功告成！

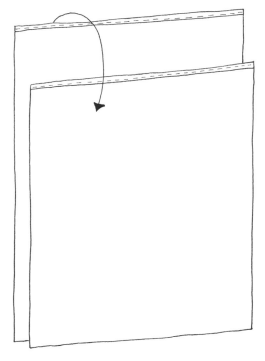

圖 2C

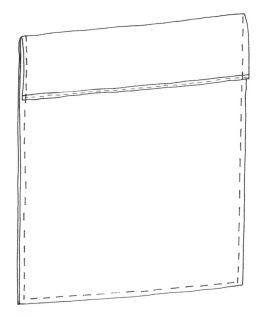

圖 2D

輕便實用的門窗擋風條
draft snake

成品尺寸：3吋寬×36吋長
LEVEL 2 進階級

對每一個家庭來說，這個可愛的門窗擋風條非常實用，而且還能充分運用到碎布片。將這個擋風條放在窗縫或者門邊，可抵擋住寒風的侵襲，讓室內保持舒適溫暖。從製作技巧來看，非常適合初學者，那縫紉高手們就更不用說囉！

布料
顏色互搭的中等厚度小棉布片：準備可以完成一片拼布的量，約4吋寬×36吋長

工具
尺、消失筆、剪刀、珠針、手縫針和線、錐子、一袋5磅重的米粒或乾豆子（1磅約等於454克）

小叮嚀
1. 製作前，布料應先清洗、晾乾並燙熨布料，使其預縮（水洗預縮）。
2. 如果沒有特別說明，縫份都是½吋，而所有的紙型都包含了½吋縫份。

翻到下一頁 ▶

步驟1. 按照尺寸，裁剪好所需的布片。

A. 準備車縫之前，先將所有布片攤平，以你的喜好將擁有不同布花的布片排列組合好。參照圖**1A**

若以p.105的排列順序為例，便可以按照以下尺寸製作，當然，你也可以按照自己想要的尺寸縫製。

- 裁剪1塊布片：7吋寬×7吋長
- 裁剪1塊布片：19吋寬×7吋長
- 裁剪1塊布片：13吋寬×7吋長

B. 假若想要利用更多或更少的布片來製作，只要記得所有布片拼接後的總長度是36吋＋1吋（縫份），也就是7吋不變，而寬的總長是37吋即可。

步驟2. 縫製拼布片

A. 將布料翻到反面，按尺寸測量後，用尺和消失筆做好標記，然後沿標記線裁剪好布片。

B. 依自己的喜好，將布片拼接好。所有布片正面朝下，將每片布7吋的那邊拼在一起，使成長37吋，寬7吋的布條。然後車縫，熨平縫份。參照圖**2B**

步驟3. 製作擋風條

C. 將拼好的布片直向對摺，布的正面朝裡面。在距離邊緣½吋處，沿長邊的開口車縫，縫到距底邊½吋處先停下，針留在布中，將擋風條旋轉90度，再車縫短邊，在車縫末端（車線停止點）以回針車縫。參照圖**3A**

D. 翻出擋風條的正面，用錐子將每個角頂出，裝入乾豆子或米粒。將開口處的布邊往內摺½吋，以珠針固定，然後熨平。這裡換成手縫，以藏針縫縫好返口，當然也可以用縫紉（參照p.139藏針縫的說明）。

大功告成！

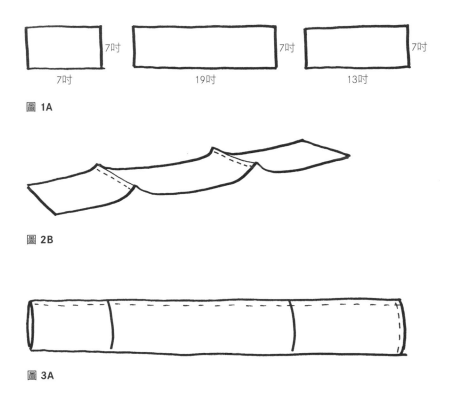

7吋

7吋

7吋

7吋

19吋

13吋

圖 1A

圖 2B

圖 3A

造型獨特的方塊門擋
doorstop

成品尺寸：7吋寬×8吋高
LEVEL 4　大師級

這個可愛的布質門擋，不僅非常實用，而且骰子般的外型更是獨特，在市面上很少見到。你可以用自己最愛的布料製作這個別出心裁的門擋，每天都能看到它。門擋中可以盛滿乾豆子或米粒來增加重量，讓它更穩固。頂部加縫了個提把，方便隨意移動。這個作品比較適合縫紉高手，但新手們也別失望，只要多花一點時間，相信也能完成這個精緻的門擋。

布料
中等厚度的棉布：½碼長（44吋寬）

工具
剪刀、珠針、尺、消失筆、一袋5磅重的米粒或乾豆子（1磅約等於454克）、錐子、手縫針和線

小叮嚀
1. 製作前，布料應先清洗、晾乾並燙熨布料，使其預縮（水洗預縮）。
2. 如果沒有特別說明，縫份都是½吋，而所有的紙型都包含了½吋縫份。

步驟1. 按照尺寸，裁剪好所需的布片。

A. 參照紙型，分別裁好以下幾塊布片的紙型：門擋的頂面、底面和側面。

B. 以珠針將紙型和布片固定，確認紙型上的布紋和布紋方向相同。用剪刀沿實線剪下（參照p.137布紋的說明）。

- 裁剪1片頂面
- 裁剪4片側面
- 裁剪1片底面

C. 翻到布料反面，依照下面的尺寸，用尺和消失筆測量並做好標記，然後沿標記線裁剪好所需的布片，以製作提把。

- 裁剪1條提把：4吋寬×8吋長

步驟2. 縫製提把

B. 將提把布片翻到**反面**，4吋長的兩個邊往中心摺½吋，熨平。以45度斜角剪去直角多餘的布片。

C. 將提把布片翻到**反面**，另外兩個邊往中心摺1吋，熨平。接著，將提把直向對摺，再次熨平。沿短邊往向上縫，縫過長邊，再往下車縫好另一個短邊。參照圖**2A＋B**

步驟3. 製作頂面

A. 將提把放在頂面上，提把兩端的外邊分別放在距頂面的左右兩邊約¾吋處，兩個長邊則分別放在距上下兩邊3¼吋處。

B. 將提把和頂面車縫在一塊，使成為一個方形縫線。首先，沿著邊緣車縫，先沿著提把短邊往上車縫，縫到頂端時先停下，針留在布中，將頂面旋轉90度，再車縫另一邊，車縫大約½吋時先停下，針留在布中，再將頂面旋轉90度，車縫另一個短邊，縫到尾處，再次停下，針留在布中，再將頂面旋轉90度，縫向起始點，便成了一個方形縫線。重複這個步驟，將提把的另一端縫在頂面上。也可以在方形縫線內再縫一個「×」，加點裝飾，完成後放於一旁。參照圖**3B**

步驟4. 車縫頂面和側面

A. 將兩塊布片**正面**對**正面**，將其側邊重疊在一起，對齊布邊。從距離一端½吋處開始，留½吋的縫份往上縫，在距另一端口還有½吋時，停止車縫，在車縫末端（車線停止點）以回針車縫，再將縫份熨平。用同樣的方法，將已車縫好的布片和其他兩片側面車縫在一塊。最後，將第一個側面和第四個側面車縫在一塊，便成了上下無蓋的「盒子」。車縫時，從距離一端½吋處開始，留½吋的縫份。

B. 將「無蓋」盒子和頂面車縫在一塊，頂面的**正面**朝向盒內，對齊布邊。這裡要小心，必須將頂面的各個角和布盒的各個角都對應。留½吋的縫份將各邊車縫好，在每個車縫末端（車線停止點）以回針車縫。此外，記得縫線必須穿過摺疊的每層布縫好，轉角處更要留心，最後朝一側熨平縫份。

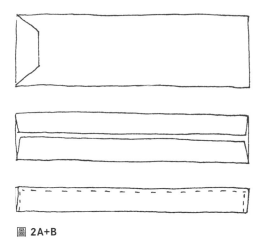

圖 **2A+B**

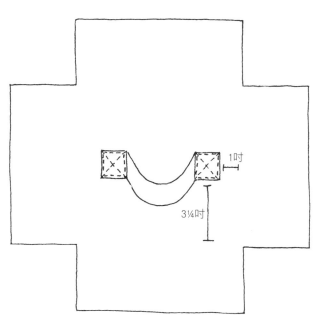

圖 **3B**

步驟5. 將縫有頂蓋的盒子和底面縫合

A. 將側面和底面**正面**對**正面**，對齊布邊，以珠針固定縫角，確認底面的各個角和側面的各個角全部對應，留½吋的縫份，一一縫過四個邊，在其中一邊留一個4吋長的返口，在每個車縫末端（車線停止點）以回針車縫。

B. 此外，記得縫線必須穿過摺疊的每層布縫好，轉角處更要留心，朝底面熨平縫份。參照圖**5**

步驟6. 完成作品囉

A. 將門擋翻出**正面**，用錐子的一端將各個角頂出。將預留的返口處的兩個布邊分別往下摺½吋，熨平，然後裝滿豆子或米粒。

B. 接著換成手縫，以藏針縫縫好返口，當然也可以用縫紉機（參照p.139錐子和藏針縫的說明）。

大功告成！

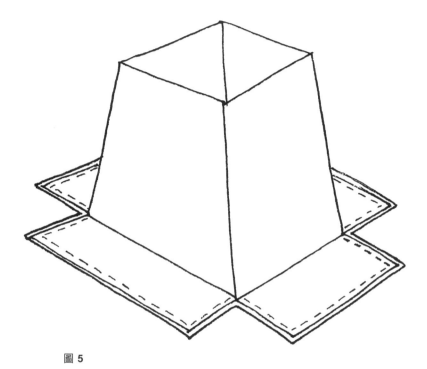

圖 5

chapter 4
生活中的收納雜貨
organize

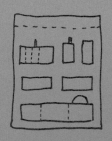
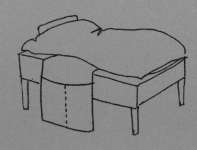
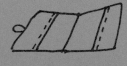

小叮嚀
★如果沒有特別註明，書中的單位都是吋（2.54公分）。
★本書中的1碼，約等於90公分。

處處可用的掛牆收納袋
wall organizer

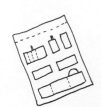

成品尺寸：20吋寬×30吋長

LEVEL 2　進階級

這個掛牆收納袋，正好可以取代你那凌亂不已的抽屜。它可以掛在家裡、辦公室、育兒室，當然，你也可以把手作的作品放在裡頭。它的做法很簡單，只不過要花點時間和具備一些耐心。布料選擇上，建議使用厚實的布料，像是帆布來製作，如此一來即使上面縫了很多口袋，也不會變形。還可以選用不同材質的布料製作不同的口袋，當然，口袋的位置也依個人的喜好決定。現在，就運用你豐富的創造力、細心的手工開始製作吧！

布料
中厚棉布：1⅜碼長（44吋寬）

工具
尺、消失筆、剪刀、粉片、珠針、錐子

小叮嚀
1. 製作前，布料應先清洗、晾乾並燙熨布料，使其預縮（水洗預縮）。
2. 如果沒有特別說明，縫份都是½吋，而所有的紙型都包含了½吋縫份。

翻到下一頁 ▶

步驟1. 按照尺寸，裁剪好所需的布片。

翻到布料**反面**，依照下面的尺寸，用尺和消失筆測量並做好標記，然後沿標記線裁剪好所需的布片。

- 裁剪主布片和襯裡：21吋寬×31吋高
- 裁剪1片口袋A：18½吋寬×7 ¼吋高
- 裁剪1片口袋B：10吋寬×5 ¼吋高
- 裁剪1片口袋C：10吋寬×5 ¼吋高
- 裁剪1片口袋D：7吋寬×6 ¼吋高
- 裁剪1片口袋E：4吋寬×6½吋高
- 裁剪1片口袋F：3½吋寬×7¼吋高
- 裁剪1片套桿袋：21吋寬×6吋高

步驟2. 製作口袋

A. 製作口袋A。將口袋A翻到**反面**，將18½吋長的一邊往上摺¼吋，然後熨平，再往上摺½吋後熨平。留5/16吋的縫份車縫，記得縫線必須穿過摺疊的每層布縫好。再翻到**反面**，將其他三個邊也往上摺¼吋，然後熨平，再往上摺¼吋後熨平，完成後放於一旁。

B. 製作口袋B、C。將口袋B翻到**反面**，將10吋長的一邊往上摺¼吋，然後熨平，再往上摺½吋後熨平。留5/16吋的縫份車縫，記得縫線必須穿過摺疊的每層布縫好。再翻到**反面**，將其他三個邊也往上摺¼吋，然後熨平，再往上摺¼吋後熨平。重複這個步驟製作口袋C，完成後放於一旁。

C. 製作口袋D。將口袋D翻到**反面**，將7吋長的一邊往上摺¼吋，然後熨平，再往上摺½吋後熨平。留5/16吋的縫份車縫，記得縫線必須穿過摺疊的每層布縫好。再翻到**反面**，將其他三個邊也往上摺¼吋，然後熨平，再往上摺¼吋後熨平，完成後放於一旁。

D. 製作口袋E。將口袋E翻到**反面**，將4吋長的一邊往上摺¼吋，然後熨平，再往上摺½吋後熨平。留5/16吋的縫份車縫，記得縫線必須穿過摺疊的每層布縫好。再翻到**反面**，將其他三個邊也往上摺¼吋，然後熨平，再往上摺¼吋後熨平，完成後放於一旁。

E. 製作口袋F。將布翻到**反面**，將3½吋長的一邊往上摺¼吋，然後熨平，再往上摺½吋後熨平。留5/16吋的縫份車縫，記得縫線必須穿過摺疊的每層布縫好。再翻到**反面**，將其他三個邊也往上摺¼吋，然後熨平，再往上摺¼吋後熨平，完成後放於一旁。

口袋的位置

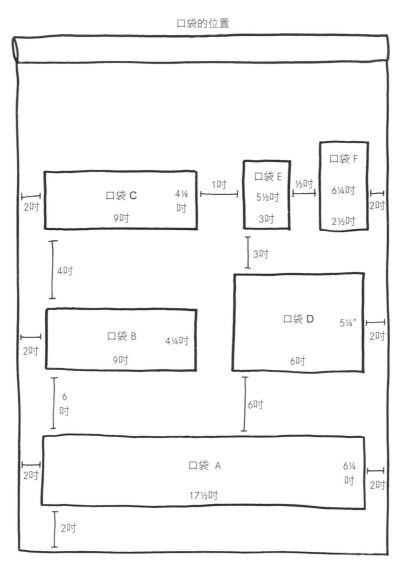

圖 3A+B

步驟3. 將口袋和主片布車縫在一塊

A. 所有布料**正面**朝上，如圖所示，以珠針將口袋布片固定在主布片上，確認口袋的開口要朝上。

B. 仔細將每個口袋車縫在主布片上，留⅛吋的縫份，車縫各邊，先沿著某一側邊往下縫，縫好底部後，再往上縫另一邊，在車縫末端（車線停止點）以回針車縫，最後熨平即可。參照圖**3A+B**

步驟4. 製作口袋的隔線插槽

A. 將準備盛裝的東西放入掛式收納袋中，用尺和粉圖筆在每個物件間畫一道縫線（分隔線）。畫分隔線時，要確保縫線和口袋底邊垂直，每條隔線彼此平行。

B. 接著從底邊開始，沿標記線往上車縫，在每個車縫末端（車線停止點）以回針車縫。

步驟5. 製作套桿袋

A. 將主布片6吋長的兩個邊往內側摺¼吋，然後熨平，再往內摺¼吋後熨平，留³⁄₁₆吋的縫份往下車縫。

步驟6. 完成作品囉

A. 將套桿袋直向對摺，兩個長邊重疊，**內側**對**內側**，如圖所示，將套桿袋的長邊與整理袋的頂邊重疊在一塊。將襯裡與主布片**正面**對**正面**後車縫，並將套桿袋夾在之間。將四邊車縫，在底邊留5吋的返口，在每個車縫末端（車線停止點）以回針車縫。

B. 將剪刀與布片的直角交叉呈45度後，剪下多餘的布料（參照p.139斜接角的說明）。

C. 從返口將收納袋的**正面**翻出，用錐子將各角推出（參照p.138錐子的說明）。然後，開口處的布邊塞入口內，將布邊往內摺½吋，用珠針封住，對齊開口後縫合，熨平。最後沿著四邊，留¼吋縫份車縫一道裝飾線。

大功告成！

隨身攜帶的捲捲收納包
tool roll

成品尺寸：14½吋寬×17½吋長（平放的大小）

LEVEL 3　高手級

在各種手作作品中，這款可以隨身攜帶、不佔空間的捲捲收納包是我最喜歡的物品之一。它可以放入我的繪畫用具，走到哪裡帶到哪裡。此外，還可以當作色鉛筆、編織與縫紉工具包，或者收納一套螺絲起子。口袋的大小和長度可依個人量身訂作，對縫紉高手而言，相信這個作品再簡單不過，如果只是個初入門的新手，歡迎你挑戰看看，和大家一起享受DIY的樂趣。

布料
中等厚度的棉布：¾碼長（44吋寬）
斜紋帶：1¼碼長（1吋寬）
斜紋帶：¾碼長（½吋寬）

工具
消失筆或粉片、剪刀、珠針、尺

小叮嚀
1. 製作前，布料應先清洗、晾乾並燙熨布料，使其預縮（水洗預縮）。
2. 如果沒有特別說明，縫份都是½吋，而所有的紙型都包含了½吋縫份。

翻到下一頁 ▶

步驟1. 按照尺寸，裁剪好所需的布片。

A. 將布料翻到**反面**，依照下面的尺寸，用尺和消失筆測量並做好標記，然後沿標記線裁剪好所需的布片。

〈棉布〉

• 裁剪2片收納袋（襯裡和外側）：15½吋寬×17½吋長

• 裁剪1片口袋：15½吋寬，一邊長5吋，另一邊長2吋，頂邊是斜邊。

  參照圖1。

〈1吋寬斜紋帶〉

• 裁剪1條布帶：15¾吋長

• 裁剪2條布帶：15吋長

〈½吋寬斜紋帶（繫帶）〉

• 裁剪1條布帶：24吋長

翻到下一頁 ▶

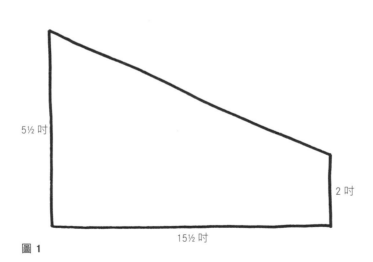

5½ 吋

2 吋

15½ 吋

圖 1

步驟2. 製作捲捲收納包

A. 將長15¾吋、寬1吋的斜紋帶直向對摺，熨平。將口袋斜邊的一端夾在斜紋帶間，確保斜邊的內側緊貼斜紋帶中間的摺痕。以珠針固定，沿斜紋帶的內側車縫，記得縫線必須穿過摺疊的每層布縫好。

B. 將襯裡和口袋布片的**正面**都朝上，將口袋布片底邊和襯裡底邊、側邊都對齊，留¼吋的縫份往下車縫，縫好底部後，再往上縫另一邊，在車縫末端（車線停止點）以回針車縫。

C. 試著放入工具之類的物品。用尺和消失筆在每個物品之間畫一條分隔線，每一條線相互平行，並和口袋底邊垂直。沿著分隔線，從下往上車縫一道線，在車縫末端（車線停止點）以回針車縫。參照圖**2C**

D. 將襯裡的**反面**朝上，將17½吋長的兩個邊向上摺½吋，熨平。

E. 將長24吋、寬½吋的斜紋帶的短邊都向上摺¼吋，然後熨平，再向上摺¼吋後熨平，車縫好摺邊，在車縫末端（車線停止點）以回針車縫，防止布邊綻線。翻到收納包外側布料的**正面**，將斜紋帶放在距底邊5吋處，同時斜紋帶的中線距離布料左側布邊約¾吋。將繫帶和布片車縫在一塊，如圖所示，四邊縫線呈½吋長的方形。參照圖**2E**

F. 翻到外側布料**反面**，將17½吋長的兩個邊往上摺½吋，熨平。

步驟3. 完成作品囉

A. 將收納包的襯裡（縫有口袋）和外側**反面**對**反面**，重疊在一起，對齊兩側的摺邊和上下布邊。在距兩條長邊¼吋處，從上往下車縫，記得縫線必須穿過摺疊的每層布縫好。

B. 將兩條寬1吋、長15吋的斜紋帶的短邊各往上摺¼吋，熨平。車縫摺邊，在車縫末端（車線停止點）以回針車縫，防止布邊綻線。

C. 分別直向對摺這兩條斜紋帶。將收納包底邊的布邊夾入一條斜紋帶間，確保布邊貼緊斜紋帶的中摺線，以珠針別好。沿斜紋帶裡面車縫，記得縫線必須穿過摺疊的每層布縫好。重複這個步驟，車縫好另一條斜紋帶和頂邊。

大功告成！

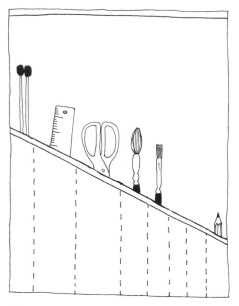

圖 2C

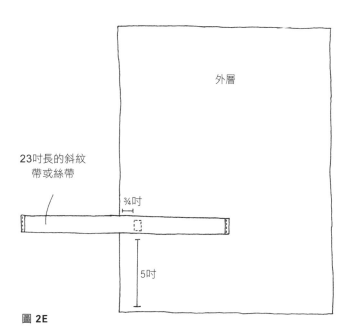

外層

23吋長的斜紋
帶或絲帶

¾吋

5吋

圖 2E

優雅質感的支票本封套
check book cover

成品尺寸：7吋寬×7¾吋（平放的大小）

LEVEL 2 進階級

常用銀行支票的人，是否覺得支票本封面不夠漂亮呢？何不試試自己
挑選喜愛的布料，手工縫製一個兼具質感、實用性的封套，替你的支
票本換上新衣！如此一來，每次手寫支票時，看到嶄新的外衣，必定
心情更加愉悅。另外，它更是送朋友的最佳貼心小禮。它的做法很簡
單，適合大家挑戰。趕緊準備好工具和材料，開始你的創作吧！

布料
中等厚度的棉布：¼碼長（44吋寬）
同色系或對比色的雙摺疊包邊布條：1碼長（½吋寬）
鬆緊帶：4吋長（⅛吋寬）

工具
尺、消失筆、剪刀、1顆鈕釦、手縫針和線、珠針

小叮嚀
1. 製作前，布料應先清洗、晾乾並燙熨布料，使其預縮（水洗預縮）。
2. 如果沒有特別說明，縫份都是½吋，而所有的紙型都包含了½吋縫份。

翻到下一頁 ▶

步驟1. 按照尺寸，裁剪好所需的布片。

A. 翻到布料反面，依照下面的尺寸，用尺和消失筆測量並做好標記，然後沿標記線裁剪好所需的布片。

〈棉布〉

• 裁剪1片封面：7吋寬×7¾吋長

• 裁剪2片口袋：3¾吋寬×7吋長

〈包邊布條〉

• 裁剪1條帶子：30吋長

步驟2. 製作支票本封面

A. 翻到口袋的**反面**，將7吋長的其中一邊往內側摺¼吋，然後熨平，再摺¼吋後熨，留⅛吋的縫份車縫。另一個口袋也重複這個步驟，完成後放於一旁。

B. 將封面布片翻到**正面**，在距離7吋長的上邊¾吋處，用筆在中間做一個小記號。把鈕釦放在記號上，以手縫在布片上。

C. 將口袋與封面**反面**對**反面**，將剛才口袋另一邊未摺過的7吋長的邊，和封面7吋長的側邊重疊，留¼吋的縫份車縫，記得縫線必須穿過摺疊的每層布縫好。同樣地，將另一片口袋車縫在封面的另一側上，熨平。參照圖2C

步驟3. 完成作品囉

A. 將封面布片翻到**正面**，正對著釦子。從封面的右上角開始，將30吋長的包邊布條，包覆好封面的上側和右側，確認包邊布條的一端和封面7吋長（未縫釦子）的下端對齊。另外，將封面的長邊對齊包邊布條的中線，以珠針固定。

B. 將包邊布條包覆住右上角，包邊布條本身往內摺，使兩側交會處形成一個45度的斜接角，以珠針固定。

C. 接著包住各邊和各角，並以珠針固定，這樣剩下的三個邊便能斜接兩個角。然後回到摺的第一個角，將包邊布條的末端摺½吋，塞入布邊，以珠針固定。參照圖**3A＋B＋C**

D. 將⅛吋寬、4吋長的鬆緊帶做成一個環圈。將封面翻到正面，將環圈的兩端夾在7吋長的包邊布條下（沒有縫鈕釦的那邊），端口插入包邊布條內側，再沿著各邊車縫。車縫時，記得縫線必須穿過摺疊的每層布，尤其是轉角處的布層更要確實縫好。參照圖**3D**

大功告成！

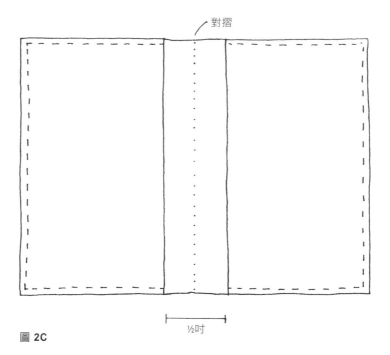

對摺

½吋

圖 2C

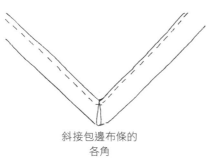

斜接包邊布條的
各角

圖 3A+B+C

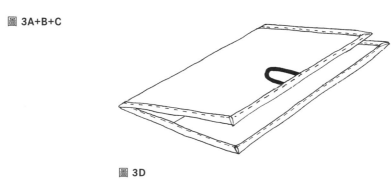

圖 3D

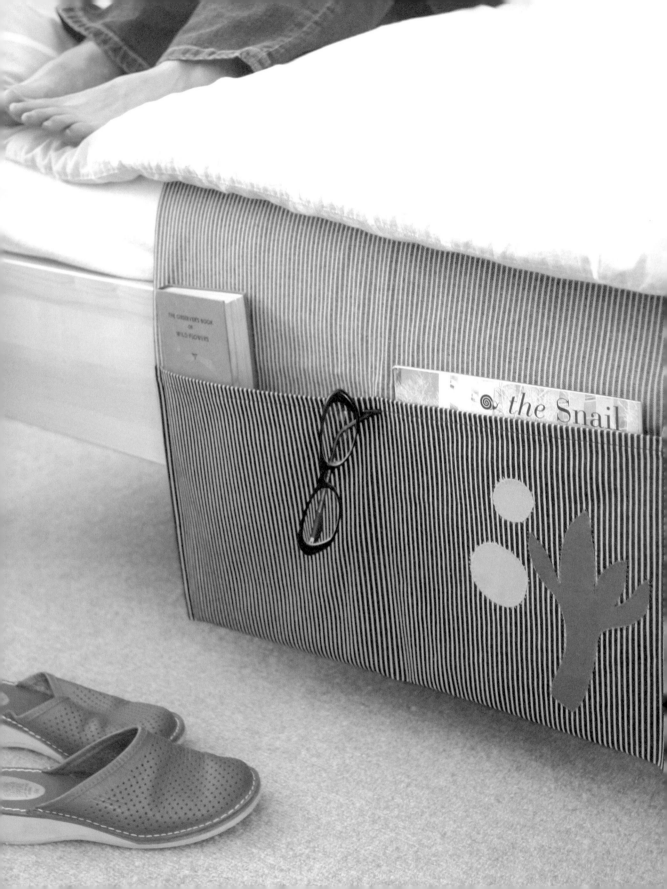

貼心多用途的床頭收納袋
bed pocket

成品尺寸：雙人床（20吋×73吋），加大雙人床（20吋×94吋），
　　　　　特大雙人床（20吋×106吋）

LEVEL 2　進階級

只要有了這個床頭收納袋，就能取代床頭櫃，將所有雜七雜八的物品全都好好地收納起來囉！比如說你睡前總要閱讀的小說、雜誌，會使用到的眼鏡、乳液等等，都能放在適合的地方。從製作上來說，這個作品非常適合縫紉新手製作。布料方面，建議選擇質料較厚實、硬挺的。此外，這個收納袋有一部分內側會露在外面，因此在選擇布料時，可以選一塊兩面布花都好看的布料。當然，你也可以在布料上面再加縫上圖案。

布料
中厚棉布（雙人床）：2⅞碼長
中厚棉布（加大雙人床）：3¼碼長
中厚棉布（特大雙人床）：3½碼長

工具
尺、消失筆、剪刀、珠針、粉片

小叮嚀
1. 製作前，布料應先清洗、晾乾並燙熨布料，使其預縮（水洗預縮）。
2. 如果沒有特別說明，縫份都是½吋，而所有的紙型都包含了½吋縫份。

翻到下一頁 ▶

步驟1. 按照尺寸，裁剪好所需的布片。

A. 翻到布料**反面**，依照下面的尺寸，用尺和消失筆測量並做好標記，然後沿標記線裁剪好所需的布片。

〈雙人床〉

• 裁剪2片主布片：21吋寬×46¾吋長

• 裁剪2片襯裡：21吋寬×37½吋長

〈加大雙人床〉

• 裁剪2片主布片：21吋寬×57¼吋長

• 裁剪2片襯裡：21吋寬×48吋長

〈特大雙人床〉

• 裁剪2片主布片：21吋寬×63¼吋長

• 裁剪2片襯裡：21吋寬×54吋長

步驟2. 製作主布片和口袋

A. 將一片主布片翻到**正面**，把其中一條短邊往上摺¼吋，然後熨平，再往上摺½吋後熨平，留 5/16 吋的縫份車縫，記得縫線必須穿過摺疊的每層布縫好。

B. 布料翻到**反面**，再摺9吋，熨平，以珠針固定，便完成了一個口袋。

C. 將口袋平均分成兩個口袋。以消失筆在口袋中間往下畫一道線，讓線和底邊垂直，和側邊則平行。

D. 重複以上的步驟，製作另一主布片。

E. 將第一片主布片平鋪，口袋朝上，再平鋪第二片主布片，口袋朝下，放在第一片主布片面**上面**，口袋相對。對齊21吋長的布邊（沒有口袋的那邊），以珠針固定，車縫，在每個末端處（車線停止點）以回針車縫，最後再熨平縫份。這時布片的內側正好露出中間部位，但會被藏在床墊下！半成品的長度是73吋（雙人床）或94吋（加大雙人床）或106吋（特大雙人床）。

步驟3. 製作襯裡

A. 將兩片襯裡**正面**對**正面**，對齊21吋的一邊後車縫，在末端處（車線停止點）以回針車縫，再熨平縫口。

B. 打開縫合後的襯裡，翻到**反面**，將沒有縫口的短邊往上摺¼吋，然後熨平，再摺¼吋後熨平，留3/16吋的縫份車縫，在每個末端處（車線停止點）以回針車縫，接著以同樣的方法縫製另一邊。襯裡的長度為是73吋（雙人床）或94吋（加大雙人床）或106吋（特大雙人床）。

步驟4. 完成作品囉

A. 將襯裡的**正面**對著縫有口袋的主布片，對齊兩條長邊的布邊，以珠針固定，確認口袋的布邊確實夾入兩片布片的中間。此外，確認襯裡的短邊和口袋摺過的底邊重疊。將它們車縫在一塊，確實縫過兩條長邊，在末端處（車線停止點）以回針車縫。

B. 將床頭收納袋的**正面**翻出，熨平。

大功告成！

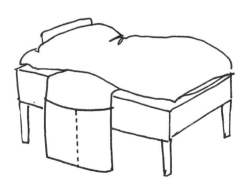

簡單大方的掛式雜誌袋
magazine holder

成品尺寸：11吋寬×20吋高

LEVEL 3　高手級

常為了家中的雜誌收納感到困擾嗎？那你絕對不能錯過這個雜誌收納袋，它可以將你的雜誌收得乾淨俐落而且方便拿取。此外，雖說是拿來放雜誌，也可依個人需求放些文件，又或者放在浴室，或放在廚房收納擦拭紙巾。從製作上來看，這個作品比較適合已有基本縫紉技巧的人。

布料
帆布：3/4碼長（44吋寬）

工具
尺、消失筆、剪刀、粉片、木製榫釘（wooden dowel，直徑3/4吋或1吋，可在木工藝材料行、五金行購得）

小叮嚀
1. 製作前，布料應先清洗、晾乾並燙熨布料，使其預縮（水洗預縮）。
2. 如果沒有特別說明，縫份都是½吋，而所有的紙型都包含了½吋縫份。

步驟1. 按照尺寸，裁剪好所需的布片。

A. 翻到布料**反面**，依照下面的尺寸，用尺和消失筆測量並做好標記，然後沿標記線裁剪好所需的布片。

- 裁剪1片主布片：12吋寬×24吋長
- 裁剪1片袋子：8吋寬×28吋長

步驟2. 製作主布片

A. 將主布片翻到**反面**，將24吋長的一邊往上摺¼吋，然後熨平，再往上摺¼吋後熨平。留³/₁₆吋的縫份車縫，並在每個車縫末端（車線停止點）以回針車縫，記得縫線必須穿過摺疊的每層布縫好。重複這個步驟，縫製另一條24吋長的邊。

B. 將主布片翻到**反面**，將12吋長的一邊往上摺½吋，然後熨平，再往上摺2吋後熨平，留1⅞吋的縫份車縫，並在每個車縫末端（車線停止點）以回針車縫，記得縫線必須穿過摺疊的每層布縫好，完成雜誌袋的頂邊。將底邊往上摺½吋，然後熨平，再往上摺1吋後熨平，留⅞吋的縫份車縫，並在每個車縫末端（車線停止點）以回針車縫。

步驟3. 製作袋子

A. 將袋子布片翻到**反面**，將28吋長的一條邊往上摺¼吋，然後熨平，再往上摺¼吋後熨平，留³/₁₆吋的縫份車縫，在每個車縫末端（車線停止點）以回針車縫，記得縫線必須穿過摺疊的每層布縫好。重複這個步驟，縫製另一條28吋長的邊。

B. 將袋子布片翻到**反面**，將8吋長的一邊往上摺¼吋，然後熨平，再往上摺¼吋後熨平。重複這個步驟，摺疊另一條8吋長的邊，完成後放於一旁。

步驟4. 完成作品囉

A. 將袋子布片翻到**正面**，用尺和消失筆在布上測量，在距上下兩邊9吋處畫1條縫線，縫線應和8吋長的側邊平行，這樣便完成了三個9吋寬的袋子。

B. 將主布片翻到**正面**，用尺和消失筆在布上測量，標出縫製袋子的線條。如圖所示，一共四條縫線，縫線都和上下兩條線平行。第一條縫線距離套桿袋½吋；第二條距離第一條5吋，第三條距離第二條5吋，第四條距離第三條5吋，同時距離底邊2½吋。

C. 將袋子、主布片**正面**都朝上，袋子放在主布片上方。將袋子上的標記線分別
和主布片中間兩條標記線重疊。頂邊和底邊將分別壓在第一條線和最後一條
線上。縫製袋子時，要確認將袋子放在主布片的正中間（分別距離左右兩邊2
吋）。依照所畫的縫線，將袋子和背面車縫在一塊。

D. 朝雜誌袋的頂邊（套桿袋）裡插入一根木製榫釘。

大功告成！

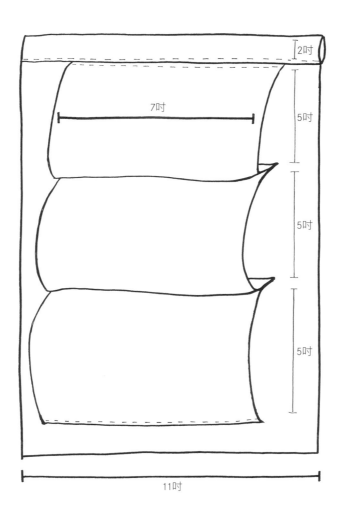

瞭解縫紉術語和技巧
glossary and techniques

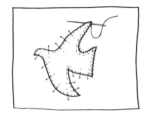

手工貼布繡

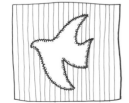

縫紉機車縫貼布繡

貼布繡：是將某一形狀的布片縫在另一塊布片上的技巧，以手工縫製或者用縫紉機車縫都可以。

- 手工貼布繡：在布片反面描繪出圖形後裁剪下來，以珠針固定，用縫紉機沿畫出的線縫在布片上。在距縫線外側⅛吋處剪下圖案，再以布邊縫或平針縫、刺繡等方式將其固定在其他布片上。
- 縫紉機車縫貼布繡：這種方式則必須使用到縫紉機的Z字型車縫。在布片反面描繪出圖形，先不要裁剪圖形，以珠針將這塊布片和背景底布固定在一塊。以縫紉機沿畫出的輪廓疏縫，接著用針距緊密的Z字型車縫在疏縫線針腳上再縫一次，最後以剪刀剪掉縫線外的布片。

回針車縫：也有人稱作「倒縫」，是能有效地預防縫口綻線，讓縫口更結實，例如口袋的頂口。回針車縫的做法：開始時先縫幾針，然後將縫紉機調至「回針」功能裝置，再次回車2～3針，然後放掉裝置繼續往下車縫。縫紉完成後，可視需求在縫口末端（停止點）重複操作。

疏縫：是用較長、較鬆的縫線暫時固定某塊布片，可以手工疏縫或縫紉機疏縫。

鋪棉：鋪棉是蓬鬆的絨毛填充料，大多用在棉被襯裡或布料作品的隔熱層。它是由棉、羊毛和合成材料製成，可在手工藝材料行、布料行購得。鋪棉種類不少，建議讀者按照書中寫的種類購買為佳。

包邊布條：布料行或手工藝材料行可以買到現成的包邊布條。這種布條是將布片的布紋以斜角方向（45度）裁剪而成，具有彈性，可伸展或彎曲，能包住平直或彎曲的邊緣，多用在滾邊或包邊。

剪牙口：當縫好的布片有弧形曲線或角時，需要修剪縫份，使翻回正面時布片平整，不會產生緊縮皺褶。如果是邊角位置，與縫份呈45度角修剪，避免剪到縫線；如果是弧形邊緣的話，例如C字內弧形，剪刀需與縫份垂直來修剪，同時要避免剪到縫線；如果是C字外弧形，則需剪出V形小口，牙口和車縫線一樣取適當距離（如0.2公分），以免剪到縫線。

十字繡：可參考手工貼布繡。

消失筆：可在布料行或手工藝材料行買到。這種水性筆可以在布料上做標記，由於24小時內會褪色的特性，通常用在布料的正面或反面作記號，非常方便。但如果布料置於空氣中太久，必須重新標記。

布紋：一般織好的布料上會有類似縱橫交叉的布紋。一塊針織布料上，可以清楚地看見布紋呈縱向羅紋狀。布紋通常與織邊平行。

布紋線：即布紋的方向。書中的作品有些會要求和紙型上標的布紋線一致，選擇布料時，必須確認布紋線方向與所選的布料方向平行。

手工縫飾：可參考貼布繡。

手工刺繡：手工刺繡是直接在布料的正面刺繡，以下介紹幾種繡法，可選擇適合的使用：

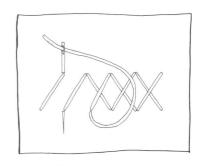

十字繡

• **十字繡**：用粉圖筆或消失筆，畫出兩條平行線來標出十字繡的寬度。然後從左至右，在兩條線間縫製平行的斜線。操作時，針尖朝下且每針間隔相同，便能縫好半邊的十字繡，然後再從右往左縫，完成十字繡的另一邊。記得需時時保持每一針的間距相同。

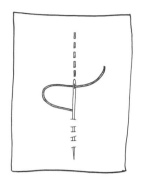

平針縫

緞面縫

• 平針縫：從左至右縫線，控制好每一針的間隔小且平均，並且每一針縫線的長度應和每針的間距相等。熟能生巧後，可嘗試一次連穿數針，再一次從布料上抽出針。

• 緞面縫：縫上多條平行線達到裝飾效果。這種縫法可以用在填滿已經畫好的圖案的輪廓。

縫布邊：是指將布料的布邊朝反面摺疊再車縫，像三褶縫、二褶縫等。書中的縫布邊有的是藉由縫紉機完成，但也可以用手縫，可視每個作品的要求採取適合的方式。

縫紉機車縫貼布繡：可參考貼布繡。

斜接角：沿45度角連接縫口，如同相框般，這樣可以讓角看起來比較美觀且整齊。

對齊記號點：指的是在布料的縫份上剪牙口，用來當作對齊或對位的記號點。在縫紉過程中，這些牙口得和其他的牙口對齊，布料才會整齊的重疊。因為初學者容易剪到縫線，建議用粉圖筆，當然如果你擔心剪到縫線，那麼可以用粉圖筆或粉片代替。

錐子：縫製有尖角的作品時，沿45度角剪掉多餘的布之後，可利用錐子推出尖角處的布料，使作品能順利翻面。一般而言，我們的手指太粗不利於推出布料的尖腳，使用錐子絕對事半功倍。市面上錐子常見的是木製或塑膠製，一頭是尖針，另一頭則是圓的，可在手工藝材料行、布料行購得，假若臨時沒有的話，也可以用筷子、棒針代替。

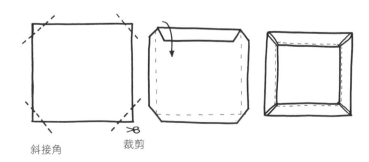

斜接角　　　　裁剪

預縮（水洗預縮）：很多織物在清洗後都會發生程度不一的縮水狀況，因此，為了避免完成的布作品下水後縮水（毛料則叫氈化），建議在裁剪前先經過水洗預縮的步驟，晾乾且熨平後再使用。即使你很想馬上使用這塊新布料，也不可省略這個必要的步驟喔！

布邊：就是縫布邊時，從布料上剪下的一邊。

平針縫：參考手工刺繡。

緞面縫：參考手工刺繡。

縫份：縫份是指布邊和縫線間的寬度。在這本書中，縫份都已經包含在紙型尺寸內，所以不需額外再加，而且除非另做說明，否則縫份都是½吋。

藏針縫：是一種針法，可以讓完成的作品表面幾乎看不見縫線。一般的縫法是在兩條摺到反面的布邊上利用藏針縫，即從摺邊的一面開始縫，然後縫過幾針後，在對面拉線。

粉圖筆、粉片：粉圖筆、粉片可以取代消失筆，一般在手工藝材料行、布料行可以買到。雖然這並非時下流行的商品，但優點是畫的線可以持續較久的時間而不消失。當作品完成縫紉後，再將痕跡、粉末撢掉或擦拭掉即可。

裝飾線：也稱作「明線」，既能將兩塊布固定在一起，也能有一定的裝飾作用。具體縫法是在作品的外邊緣處縫製一條線，使針腳與已經存在的接縫之間保持一定的距離。

包邊布條：包邊布條是一條平整的帶子，由棉、亞麻或其他材質的布料做成，多用在包邊、滾邊或做成毛巾上的掛圈。

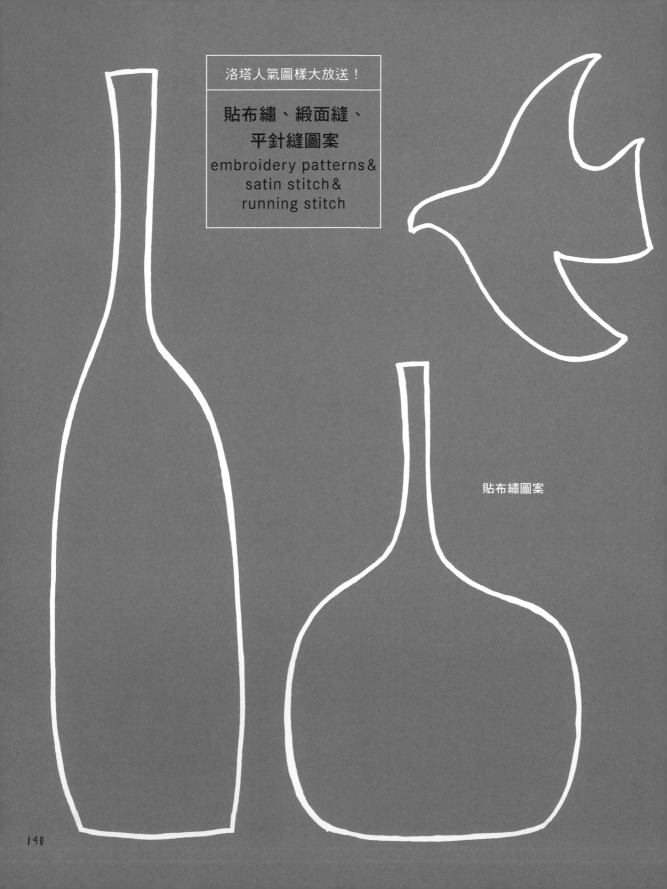

洛塔人氣圖樣大放送！

**貼布繡、緞面縫、
平針縫圖案**
embroidery patterns &
satin stitch &
running stitch

貼布繡圖案

貼布繡圖案

緞面縫

平針縫